KB232665

수론의 세계를 찾아서

제로에서 무한으로

콘스탄스 레이드 지음
임승원 옮김

전파과학사

FROM ZERO TO INFINITY

by

CONSTANCE REID

◆ 지은이 소개

콘스탄스 레이드 Constance Reid

평범한 가정의 주부이면서 동시에 프리 저널리스트로서 활약. 특히 수학의 계몽서에 건필을 휘두르고 미국의 과학 잡지 SCIENTIFIC AMERICAN에도 기고하고 있다. 이 책 이외에 『A LONG WAY FROM EUCLID』 등의 저서가 있다. 캘리포니아 대학 졸업.

◆ 옮긴이 소개

임승원 林承元

1931년 경기도 평택 출생
경복고등학교 졸업, 서울대학교 공과대학 화학공학과 졸업
(주) 럭키 공장장, 럭키엔지니어링(주)이사 역임
역서에 『수학·아직 이러한 것을 모른다』, 『괴델·불완정성 정리』, 『생명과 장소』, 『퍼즐·수학 입문』, 『미적분에 강해진다』, 『위상공간으로 가는 길』 외 다수

차례

제로의 이야기 ······························· 7

고대 문명 속에서······ / 구슬과 주판 / 피타고라스도 알아차리지 못했다! / 인도 철학과 제로 / 인도발, 아라비아 경유 유럽행 / 수로서의 제로, 기호로서의 제로 / $1 \times 0 = 0 \therefore 0 \div 1 = 0$? / 제로의 정체 / 시인은 2000세가 아니었다! / 러셀의 지적 / 공집합으로서의 제로

1의 이야기 ······························· 29

하나의 별과 많은 늑대 / 모두 1부터 시작되었다 / 양파와 같은 수 / 덧없는 짝수, 다부진 홀수 / 소수인가 합성수인가 / 수론의 기본정리 / 그리스인의 도전

2의 이야기 ······························· 47

2는 10이라고도 적는다?! / 몸은 작아도 큰 것을 이룬다 / 신과 2진법 / 컴퓨터의 세계에서······ / 8진법도 나쁘지 않다.

3의 이야기 · 63

소수의 매력에는 이겨낼 수 없다! / 소수는 얼마든지 있을 수 있는가
/ 기하학원론 / 유클리드의 증명 / 소수 사막 / 에라토스테네스의 체
/ 윌슨의 정리 / 루카스의 방법 / 소수와 컴퓨터 / 수론의 재미

4의 이야기 · 85

최초의 완전제곱수 / 갈릴레오의 착안 / 정수해를 구하라 / 무덤에 새
겨진 문제 / 변호사 페르마의 문제 / 페르마의 대정리 / 아름다운 2제
곱정리

5의 이야기 · 105

마크와 5각형 / 페르마의 새로운 발견 / 오일러와 분할의 이론 / 5각
수와 불가사의한 관계

6의 이야기 · 119

완전수의 불가사의 / 유클리드의 숙제 / 1400년만에 완전수를 발견 /
수도사 메르센의 예상 / 홀수의 수수께끼 / 메르센 패배하다 / 13번째
의 난관 / SWAC의 위업 / 1373자리의 완전수

7의 이야기 ··· 139

7은 고독한 수 / 페르마 수 / 추리와 발견 / 가우스의 정17각형 / 작도
불능인 다각형 / 최대의 페르마 합성수

8의 이야기 ··· 155

8은 최초의 세제곱수 / 워링의 문제 / 139년 후의 해답 / 인도의 천재
라마누잔 / G(3)에의 끝없는 도전

9의 이야기 ··· 167

9거법 / 합동의 사고방법 / =기호와 ≡기호 / 산술 속의 보석 / 풀리
는 문제, 풀리지 않는 문제

…의 이야기 ··· 181

무한집합과 갈릴레오 / 뒤엎어진 공리 / 길고 긴 자서전 / 완성된 무
한 / 고고한 수학자 칸토어 / 자연수와 유리수 / 칸토어가 남긴 난문

6

*e*의 이야기 ·· 199

매력적인, 너무나도 매력적인… / 무리수라니 당치도 않다 / 로그의 밑 *e* / 자연계에는 *e*가 가득 있다 / *e*란 무엇인가 / 가우스의 소수정리 / 수론의 머나먼 길

1000까지의 소수의 표 ·· 219
문제의 답과 해설 ··· 221

제로의 이야기

수로서 맨 처음에 있는 제로는 사실은 그 밖의 수
보다 맨 나중에 발명되었다! 제로는 제로 이외의 어
떠한 수로도 나눌 수 있고 그 답은 모두 제로이다.
그러면 0÷0은 어떻게 되는가? 고대 인도에서 발명
된 이 기묘한 수 제로의 정체를 탐색해 보면……

고대 문명 속에서……

10종류의 기호, 즉 0에서 9까지의 10개의 숫자를 사용하면 끝없이 많은 수를 표기할 수 있는데 이들 10개의 숫자의 맨 처음은 제로이다. 또 수를 크기의 순서로 나란히 적으려고 할 때도 제로가 앞에 온다. 그런데 이상하게도 숫자로서 맨 처음에 있는 이 제로는 그 밖의 9개의 숫자보다도 맨 나중에 발명되었고 또 수로서의 제로도 그 밖의 모든 수보다도 마지막에 발견되었다.

'제로라는 숫자의 발명'과 '제로라는 수의 발견'이라는 이 2개의 사건의 어느쪽도 아득한 옛날부터의 수학 역사의 흐름 속에서는 훨씬 뒤에 일어났던 것이나 이 2개는 동시가 아니고 제로의 발견이 제로의 발명보다도 수세기나 뒤였다.

그리스도 탄생의 무렵 제로라는 개념은 —— 숫자로서도 수로서도 —— 누구의 머리에도 떠오르지 않았다. 하나하나의 수를 따로따로의 기호로 나타내려고 하면 아무리 기호를 준비해 두어도 부족하다. 그래서 이것과는 틀린 방법을 써서 큰 수를 나타내려고 하는 궁리를 고대의 여러 가지 문명 속에서 볼 수 있다.

예컨대 이집트인은 그림 문자를 사용했고 그리스인은 알파벳을 숫자로서 사용했다. 또 로마인은(지금도 시계의 문자판이나 건물의 기념 초석 등에서 볼 수 있는 것처럼) 짧은 선을 몇 개씩 배열해서 수를 표기하였다. 이들 어떠한 방법도 같은 기호를 몇 번이라도 반복해서 사용하여, 세려고 하는 것을 몇 개씩의 그룹으로 통합한 것이었다. 이러한 간단한 궁리로도 상당히 많은 수를 표기할 수 있다.

그러나 이러한 표기법을 사용하면 매우 간단한 산술의 계산조

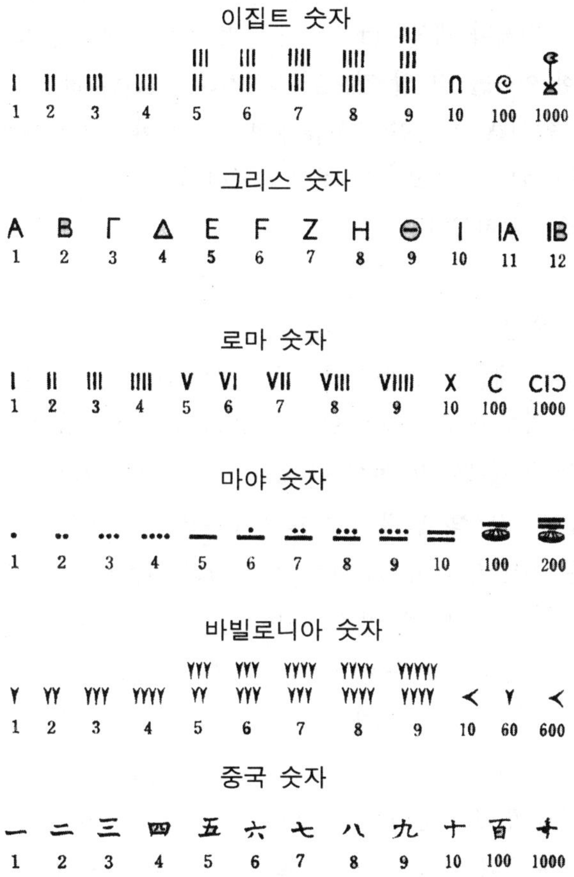

이집트 숫자

1	2	3	4	5	6	7	8	9	10	100	1000

그리스 숫자

A	B	Γ	Δ	E	F	Z	H	Θ	I	IA	IB
1	2	3	4	5	6	7	8	9	10	11	12

로마 숫자

I	II	III	IIII	V	VI	VII	VIII	VIIII	X	C	CIƆ
1	2	3	4	5	6	7	8	9	10	100	1000

마야 숫자

1	2	3	4	5	6	7	8	9	10	100	200

바빌로니아 숫자

1	2	3	4	5	6	7	8	9	10	60	600

중국 숫자

一	二	三	四	五	六	七	八	九	十	百	千
1	2	3	4	5	6	7	8	9	10	100	1000

여러 가지 기수법

차도 쉽사리 할 수 없다. 시험적으로 로마 숫자를 사용해서 곱셈을 해 보기 바란다. 그렇게 해보면 누구라도 로마인이 산술의 문제를 풀 때는 V나 X나 C나 M 등의 로마 숫자로 적은 수는 사용하지 않고 언제나 계산반(盤) 위에 올려 놓은 비즈(beads, 구슬)로 계산한 이유를 잘 알 것으로 생각한다. 그러나 바로 이 구슬 속에 그 후 2000년 동안에 인류가 발전시킨 가장 우수한 기수법(수를 표기하는 방법)의 본질적인 특징이 숨어 있다는 것을 누구도 인지하지 못하였다.

구슬과 주판

그러면 이 계산반에 대한 것인데 시대에 따라서, 또 나라에 따라서 여러 가지 형식의 것이 있다. 그러나 모두 가로로 긴 직사각형의 테 속이 평행인 몇 개의 난(欄)으로 세로로 구획되어 있다는 점에서 같다. 각각의 난에 골을 파서 구슬을 올려 놓을 수 있도록 되어 있는 것도 있고 또 가느다란 막대기에 구슬이 꽂혀 있어 상하로 자유롭게 움직일 수 있도록 되어 있는 것(주판)도 있다.

각각의 난(폠대라고 하자)의 값은 바로 아래의 폠대의 10배로 되어 있다. 따라서 어떤 폠대에 예컨대 1개의 구슬을 올려 놓으면 이 구슬은 10의 몇 제곱인지를, 즉 10^n을 나타낸다. 구슬은 어느 것도 크기와 형태가 같아서 그 놓여진 폠대가 1단위를 나타내고 있는 것은 같으나 이 1단위의 진짜의 값은 놓여진 폠대의 위치에 따라서 다르다.

가장 오른쪽 폠대의 1개의 구슬은 1(즉 10^0)이라는 값을, 다음 폠대의 1개의 구슬은 10(즉 10^1)이라는 값을, 그 다음의 폠대의 1

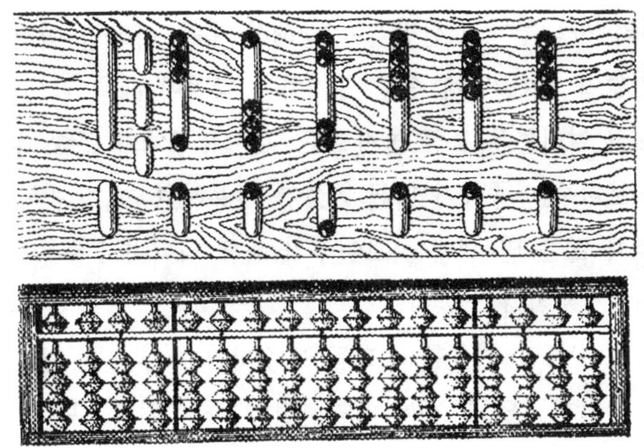

구슬의 계산반(상)과 주판(하)

개의 구슬은 100(즉 10^2)이라는 값을 나타내고 있다. 이하 마찬가
지다. —— 그러므로 이들 구슬은 폭군의 가정에 봉사하고 있는
사람들의 불안정한 생활과 잘 닮고 있다. 놓여진 장소에 따라 어
떤 때는 많이, 어떤 때는 적게라는 식으로 언제나 바뀐다.

로마 숫자로 적으면 예컨대 234는 CCXXXIV, 423은
CDXXIII으로서 매우 알기 힘들지만 계산반 위에 구슬을 놓아
보면 다음과 같이 바로 구별이 된다.

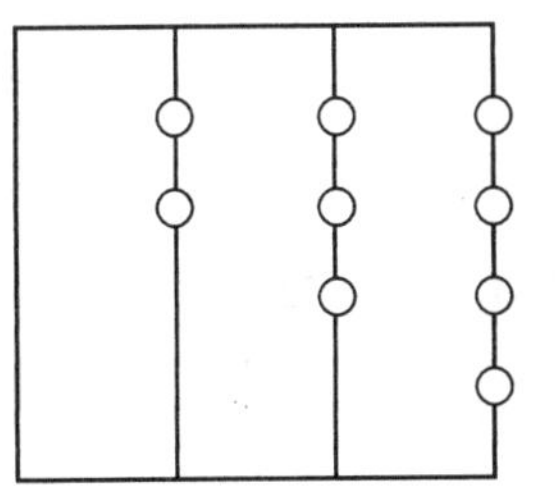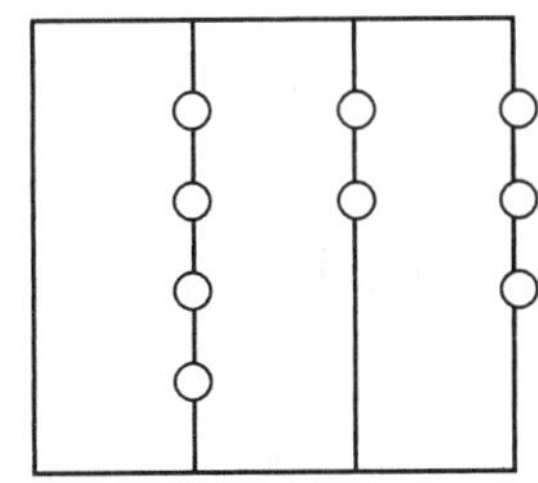

고대의 사람들이 계산반을 사용해서 수를 나타낸 이러한 방법과 우리들이 종이 위에 수를 표기하는 방법이 매우 잘 닮고 있는 것을 보고 여러분은 조금 놀랄지도 모른다. 9개의 구슬 대신에 그 개수를 보여주는 종류가 다른 기호를 사용하고 그 밖에 구슬을 하나도 놓지 않은 빈 펨대를 보여주기 위해 나머지 1종류의 기호를 사용하는 것뿐이다.

이들 10종류의 기호를 우리들은 숫자라고 부르고 있는 것인데 이들을 적당히 1열로 써서 배열하면 계산반 위에 구슬이 어떠한 방식으로 놓여져 있는지를 분명히 나타내어 보일 수 있다. 234는 100이 2개와 10이 3개와 1이 4개 있는 것을 보여주고 423은 100이 4개와 10이 2개와 1이 3개 있음을 보여준다. 이 차이는 바로 알 수 있다.

이와 같이 수치의 자릿수를 정하는 기수법이라고 불리고 있는 현대의 기수법에서는 각각의 숫자의 실제의 값이 그 적힌 위치에 따라서 다른 것인데 이것은 요컨대 계산반의 위에 나타난 수를 그것이 소멸되기 전에 그대로의 위치에 베껴 쓴 것뿐이다. 이를 위해서는 10종류의 다른 기호가 있기만 하면 된다.

피타고라스도 알아차리지 못했다!

앞에서도 언급한 것처럼 계산반의 각 펨대의 위에 있는 구슬의 수는 1개, 2개, ……, 9개의 아홉 가지이므로 9종류의 기호가 있으면 되는 것이나 그 밖에 아무것도 없는 펨대를 나타내기 위한 또 하나의 기호가 필요하다. 그렇지 않으면 계산반 위의 상이한 수를 종이 위에 구별해서 표기할 수 없다.

즉 다음의 수는 어느 것도 234 라고 적을 수밖에는 달리 방법이 없다. 그러나 빈 펨대를 나타내는 기호(이것을 예컨대 0이라고 적기로 하자)를 사용하면 각각 2340, 2034, 2304 라 나타낼 수 있어 그들의 차이를 확실히 보여줄 수 있다.

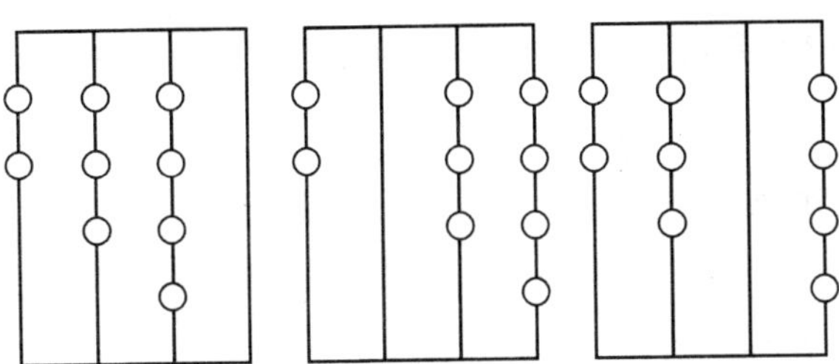

그래서 계산반 위에 나타난 수를 종이에 베껴 쓰려고 하면 빈 펨대를 보여주기 위한 ● 라든가 ○ 라든가 등의 적당한 기호를 저절로 사용하게 될 것이다라고 생각할지도 모른다. 그런데 이상하게도 몇 천년 동안이나 수없이 많은 사람들이 계산반을 사용하고 있었으면서 누구도 이러한 것을 알아차리지 못한 것이다!

피타고라스도 알아차리지 못했다.

유클리드도 알아차리지 못했다.

아르키메데스도 알아차리지 못했다.

독자가 이 책을 읽어 나아가는 동안에 차츰 알 것으로 생각하는데 그리스인을 빼놓고는 수의 역사 이야기를 할 수 없는 것이지만 그렇게 우수한 그리스인조차도 이렇게 간단한 것을 알아차리지 못한 것은 매우 이상한 일이다.

현대의 수학자가 이들 고대의 '동료들'을 어떻게 존경하고 있

는지를 영국의 유명한 수학자 하디(1877~1947)의

"고대 동양(이집트나 바빌로니아)의 수학에는 뜻을 모르는 것
이 많으나 그리스의 수학이야말로 진짜다."

라는 말로부터도 알 수 있을 것이다. 역시 영국의 훌륭한 수학자
리틀우드가 언젠가 나에게

"그리스인을 현대의 사람과 비교하면 현명한 국민학생이나 중
학생은커녕 대학 교수의 자격이 있다."

라고 말한 일이 있다.

인도 철학과 제로

이처럼 우수한 그리스인이 제로 —— 아무것도 없는 것 ——
를 수로서 인정하지 않은 것은 실은 이상하다고만 할 수 없는 이
유가 있다. 그리스인은 수 그 자체에 흥미를 가진 최초의 민족이
고 이제부터 차차 이야기하는 것처럼 오늘날에도 아직 해결되어
있지 않은 수론(數論)의 문제를 우리들에게 남겨주었다. 그러나
그들은 수 그 자체의 신비스런 성질은 열심히 연구했지만 그것을
실제 문제에는 결코 사용하려고 하지 않았다. 이것이야말로 그리
스인이 제로를 수로서 파악할 수 없었던 이유다.

일상 생활에서 실제의 셈을 하는 데에는 제로가 없으면 곤란하
지만 수론을 연구하는 데에는 제로 등은 없어도 되기 때문이다.
그리스의 위대한 수학자들은 수 그 자체의 흥미있는 성질의 연구
에 빠져 버려 물건을 세거나 계산하거나 하는 것은 노예가 하여야
할 천한 일이라고밖에는 생각하고 있지 않았다.

제로라는 개념에 착상하고 그것을 사용해서 수를 표기하는 방

법을 생각한 것은 인도인이다. 그리스도(Christ) 기원 무렵 이름도 모르는 한 사람의 인도인이 계산반 위에 나온 답을 줄곧 훗날까지 적어서 남기려고 생각하여 구슬이 하나도 없는 빈 꽴대를 보여주기 위한 기호를 스스로 고안해서 이것을 스냐라고 부른 것 같다.

이러한 까닭으로 모든 숫자의 맨 처음에 왔어야 할 제로는 그 밖의 모든 숫자보다도 가장 늦게 찾아온 것이었다.

인도인이 발명한 이 스냐는 수로서의 제로와는 다르다는 것을 주의해 두지 않으면 안된다. 그것은 빈 꽴대를 보여주기 위한 단순한 표식에 불과하다. 실제 '스냐'란 인도인의 말로 '빈(空)'이라는 의미이다 —— '아무것도 없다'는 것을 보여주기 위한 기호를 인도인이 착상한 것은 인도의 철학과 종교에 그 원인이 있다고 지적하는 학자도 있다. 그들은 방정식의 미지수(우리들이 x라고 적고 있는 것)를 나타내기 위해서도 같은 말을 사용했다. 미지수의 값이 결정되기 전까지는 그것은 공허(空虛)한 것이기 때문이라는 것이다. 따라서 제로를 보여주는 기호는 이 스냐로 시작하였다고 해도 되지만 수로서의 제로는 아직 발견되어 있지 않았다.

인도발, 아라비아 경유 유럽행

그 후 인도 숫자는 아라비아를 지나서 유럽으로 들어가 아라비아 숫자라는 이름으로 유럽에 확산되었다. 그때까지의 여러 가지 기수법과 비교하면 이 아라비아 기수법은 매우 우수한 것이었지만 유럽인에게는 바로 받아 들여지지 않았다. 상인들은 이것이 매우 사용하기 쉽고 편리하다는 것을 바로 알았지만 대학의 보수적인

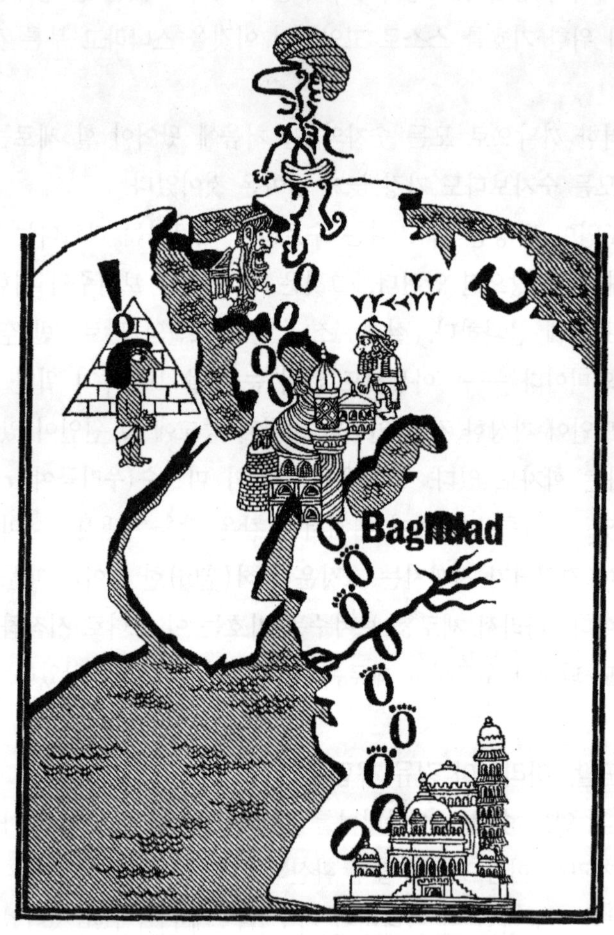

인도 숫자는 아라비아를 지나서 유럽으로 들어왔다

교수들은 오래된 로마 숫자나 주판의 계산법에 집착하고 있었다. 그리고 이 새로운 숫자는 로마 숫자보다도 위조하기 쉽다는 이유 때문에 1300년경까지는 상업 문서에 아라비아 숫자를 사용하는 것은 금지되고 있었다. 전유럽에서 아라비아 숫자가 완전히 승인받게 된 것은 겨우 1800년경의 일이었다.

이 새로운 기수법의 우수한 특징은 빈 펠대를 나타내기 위한 표식(아랍인은 이것을 시플이라 부르고 있었다)을 사용하고 있는 점에 있다는 것은 누구라도 알고 있었다. 그리고 이 새로운 시스템 전체를 시플이라 불렀다.

영어의 사이퍼(cipher)라는 말이 제로뿐 아니고 모든 숫자를 거듭 넓게 '계산을 한다'라는 의미를 갖게 된 것은 이러한 이유 때문이다(제로 Zero라는 말은 이탈리아어에서 유래했다).

그러나 이와 같이 아라비아 기수법은 매우 편리한 것이기는 했으나 시플은 빈 펠대를 나타내는 기호에 불과하고 아직 수가 아니라는 점에서는 스냐와 같다.

수로서의 제로, 기호로서의 제로

현재 우리들은 제로를 자유롭게 사용하고는 있지만 반드시 그것을 수로 간주해서 다루고 있다고는 할 수 없다. 예컨대 타이프라이터의 키보드나 전화기의 다이얼에는 제로가 있다. 그러나 그것은 언제나 그 밖의 숫자의 뒤, 즉 9의 다음에 배치하고 있다. 이것은 이상하다. 왜냐하면 제로는 9보다 크지는 않기 때문이다. 이것이야말로 제로를 수로 간주하고 있지 않은 증거이다.

그러나 이상하게 여길 것은 아니다. 그 이유는 그 밖의 숫자와는 달라서 제로만은 수로서가 아니고 기호로서 사용하는 것이 보통이기 때문이다. 독자분들이 다음의 몇 가지 문제를 생각해 보면 제로를 수로서보다 기호로서 취급하는 편이 편리하다는 것을 알 것이다. 독자가 알고 있는 제로는 기호로서의 제로이다. 수치의 자릿수를 정하는 산술의 기호는 기호로서의 제로이고 제로로서의 수를 생각하지 않아도 잘 계산할 수 있다.

그런데 계산반 위의 빈 펨대를 나타내는 기호로서의 스냐가 발명되고 나서부터 수세기가 지나도 일반 사람들은 여전히 제로도 또한 그 밖의 수와 마찬가지로 더하거나 빼거나 곱하거나 나누거

테 스 트

기호로서의 제로	수로서의 제로
1+10 =	1+0 =
10+ 1 =	0+1 =
1−10 =	1−0 =
10− 1 =	0−1 =
10× 1 =	0×1 =
10×10 =	0×0 =
10÷ 1 =	0÷1 =
1÷10 =	1÷0 =
10÷10 =	0÷0 =

(답은 221페이지에 있다)

나 하여 계산할 수 있다는 것을 좀처럼 알지 못했다. 고대의 수학을 연구하는 수학자가 오래된 수학 문서를 조사할 때 가장 당황해 하는 것이 이 부분이어서 더하기·빼기는 그저 그렇다 해도 나눗셈에서는 언제나 괴로움을 당한다.

$$1\times0=0 \qquad \therefore \ 0\div1=0?$$

오늘날에도 어떤 사람이 이 새로운 기묘한 수 제로를 잘 이해하고 있는지 아닌지를 시험하려면 예컨대 앞 페이지의 테스트의 마지막 세 문제처럼 제로를 포함하는 나눗셈을 시켜 보면 알 수 있다. 독자 중에도 아마 당황하는 분이 있는 것은 아닐까. 우선

$$\text{(A)} \ \ 0\div1=$$

이것은 분수를 사용해서 0/1이라 적어도 마찬가지이지만 이 나눗셈은 수학적으로 분명히 의미를 갖고 있다. 즉 제로는 제로 이외의 어떠한 수로도 나눌 수 있고 답은 단지 하나로 결정된다(수론에서는 그 답이 정수가 될 때에 한해서 '나누어진다' 또는 '나누어 떨어진다'라고 한다). 어째서인가 하면 제로에 어떠한 수를 곱해도 답은 언제나 제로, 그래서 $0\times1=0$, 나눗셈은 곱셈의 역이므로 $0\div1=0$이다. 즉 0은 어떠한 수로 나눠도 답은 언제나 같다. 즉 제로이다. 다음으로

$$\text{(B)} \ \ 1\div0=$$

을 생각해 보자. 분수로 적으면 1/0이므로 이것은 수학적으로는 무의미하다. 제로 이외의 어떠한 수도 제로로 나눌 수는 없다. 그

이유는 0÷1 때와 마찬가지로 곱셈으로 고쳐서 생각해 보면 된다.
 우선 어떠한 수에 제로를 곱해도 답은 언제나 제로이다. 그런
데 나눗셈의 의미를 잘 생각해 보면 어떤 수(몫)에 별개의 수(나
눈수)를 곱하면 원래의 수(나넘수)가 된다. 따라서 1÷0에 답이
있었다고 하면 그 답에 0을 곱하면 1이어야 할 것이다. 이것은 우
습다. 그래서 1(또는 0 이외의 어떠한 수)을 0으로 나눌 수는 없
다. 다음으로

$$(C) \quad 0÷0=$$

은 어떠할까. 분수로 적으면 0/0이지만 이것은 수학적으로 무의미
하지는 않다. 그렇다고 해서 의미가 있는 것도 아니다. 상세하게
말하면 그것은 '부정(不定)'이다. 제로를 제로로 나눌 수는 있다.
그러나 그 답은 몇 개인지 모른다. 어떠한 수에 제로를 곱해도 제
로이므로 제로를 제로로 나누면 어떠한 수로도 된다. 0×0=0이라
고 생각하면 제로를 제로로 나눈 답은 제로라 할 수 있다. 마찬가
지로 2도 3도 전부 답이다.

제로의 정체

 지금까지 '의미가 있다', '무의미하다', '부정이다'라는 세 종
류의 말을 사용해 왔는데 이것들을 서로 비교해 보면 의미의 차이
를 잘 알 수 있을 것이다. 어떤 수학적인 계산을 행한 결과 답이
분명히 단지 1개로 결정될 때에 이 계산은 수학적으로 의미가 있
다고 말한다. 이것은 예컨대 '한국의 대통령'이라는 것처럼 개인
의 이름을 붙이지 않고 하나의 사람을 가리키는 명칭과 같은 것이

다. 이 말은 그 해당되는 사람에게 이름을 붙인 것과 마찬가지로 사용할 수 있다.

이것과 마찬가지로 0/1(또는 0÷1이라는 식)은 어떤 정해진 값, 즉 제로를 가리킨다. 10/1이 10을 가리키는 것과·마찬가지로 0/1은 제로 이외의 값을 가리키지 않는다.

다음으로 어떤 계산을 행한 결과 어떠한 수도 가리키지 않을 때에 이 계산은 수학적으로 무의미하다고 한다. 사물의 명칭에도 그러한 것이 있다. 예컨대 '한국의 수상'이라는 것 같은 말이 그러한 것이다. 1/0(또는 1÷0)은 어떠한 값도 나타내고 있지 않는 것이므로 무의미한 것이다(어떠한 값도 나타내지 않는다는 것은 제로를 나타낸다는 것과는 다르다!). 0/0 즉 0÷0이 무의미하다는 것은 조금 다르다. 그것은 예컨대 '한국의 국회의원'이라는 것 같은 말과 같아서 앞뒤의 이야기를 잘 듣지 않으면 299명 중 어떤 사람을 가리키는지는 모른다. 0/0을 나타내는 수는 299 정도가 아니다. 그것은 어떠한 수라도 나타내므로 수없이 많다.

왜냐하면 앞에서 설명한 것처럼 제로에 어떠한 수를 곱해도 그 답은 제로이기 때문이다. 그러므로 이것은 1/0이 무의미하다는 것과는 조금 다르다. 수학자는 0÷0을 부정이라고 한다. 그러나 이러한 것들을 정말로 확실히 알기까지에는 몇 세기나 걸렸다. 이와 같은 세 종류의 언어 사용의 구별을 분명히 하고 나서 비로소 제로의 정체를 완전히 포착하였다고 할 수 있다.

많은 수 가운데서 제로는 특별한 것이다라는 것을 이해하기 위해 정수에 대한 것을 조금 상세히 조사해 볼 필요가 있다. 지금 모든 정수를 크기의 순서(큰 수를 오른쪽에, 작은 수를 왼쪽에)로 배열해 보자. 현실에 존재하는 것의 개수를 셀 때 사용하는 양의 정수는 제로의 오른쪽으로 끝없이 퍼져 간다.

$$\cdots \quad -5 \quad -4 \quad -3 \quad -2 \quad -1 \quad 0 \quad 1 \quad 2 \quad 3 \quad 4 \quad 5 \quad \cdots$$

또한 부족하고 있는 것의 개수를 세기 위한 음의 정수는 제로의 왼쪽으로 끝없이 퍼져 간다. 이들의 경계에 놓여지는 것이 제로이다. 이러한 배열은 온도계에서 낯익은 것이어서 거기서는 플러스의 수는 영 도보다 높은 온도를, 마이너스의 수는 영 도보다 낮은 온도를 가리키고 있다.

양수와 음수를 이와 같이 배열하면 잇달은 2개의 수 사이의 간격은 어디나 같고 이것이 정수의 중요한 특징이다. -1과 -2 사이의 거리는 $+1$과 $+2$ 사이의 거리와도, 또한 $+2$와 $+3$ 사이의 거리와도 같다. 제로를 정수의 무리에 넣었기 때문에 이처럼 멋진 상태로 되어 있는 것이어서 제로를 무리에 끼워 주지 않으면 이어진 것 같이 보이는 -1과 $+1$의 사이의 거리는 그 밖의 것의 2배가 되어 버린다.

사실은 -1과 $+1$은 서로 이웃하고 있지 않은 것이고 제로가 그 한가운데에 들어가는 셈이다.

그런데 서력(西曆)의 기원년수를 셈하는 방법에서 제로는 수의 무리 속에 들어가 있지 않다. 그래서 온도를 계산하는 방식을 연대(年代)의 문제에 적용시키면 이상한 답이 나와 버린다. 아침에는 영하 5도였으나 그날 중에 8도가 상승했다고 하면 $(-5)+8=3$이므로 저녁에는 3도가 된다. 이것은 옳다. 그러나 B.C. 5년 1월 1일에 태어난 어린이가 8세가 되는 것은 $(-5)+8=3$이므로 A.D. 3년의 1월 1일이라고 하면 이것은 큰 잘못이다. 문제는 아주 비슷한데 한쪽은 옳고 한쪽은 잘못인 이유는 온도의 눈금과 연대의 눈금을 비교해 보면 알 수 있다.

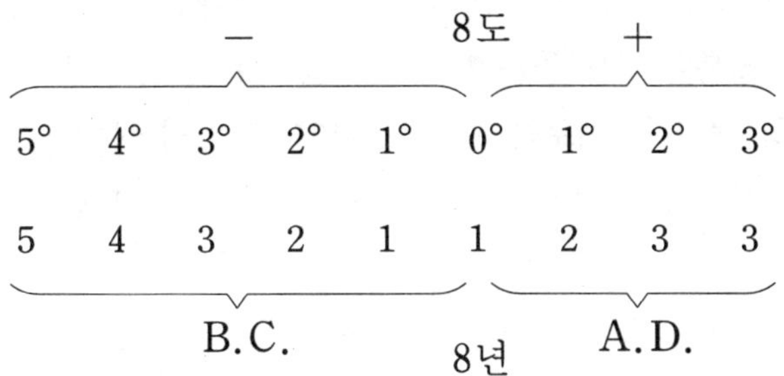

시인은 2000세가 아니었다!

20세기가 되어서도 1930년에 큰 실패가 일어날 뻔했던 것은 이 차이를 깜빡 잊고 있었던 것이 원인이었다. 1930년에 기원전 70년에 태어난 시인 빌 길의 탄생 2000년제(祭)를 거행하려고 하여 완전히 준비가 끝났을 때에 어떤 참견을 좋아하는 사람이

"기원 0년이라는 해는 없기 때문에 이 시인이 정확히 2000세가 되는 것은 1931년입니다."

라고 주의를 주었기 때문에 계획을 세운 사람은 완전히 당황하였다. 주최자는 연대를 셈하는 방법을 잘 알고 있었는데도 그만 깜빡하여 $(-70)+2000=1930$이라고 해버린 것 같다.

정수 중에서 양도 음도 아닌 것은 제로뿐이다. 그러나 일상의 계산 때 사용하는 것은 제로보다 큰 정수뿐이다. 12세기경 인도의 수학자 바스카라는 2차방정식 $x^2-45x=250$의 근(根)으로서 모처럼 $x=50$과 $x=-5$를 얻었으면서 '나중의 값은 버린다. 왜냐하면 −5는 수라고는 생각할 수 없기 때문이다'라고 말하고 있다.

우리들은 제로 다음의 정수를 자연수(natural number)라 부르고 있지만 그것이 그 밖의 수보다도 자연스럽다고 말할 수 있는지 어떤지는 모른다. 그것들은 개개가 뿔뿔이 된 물건을 셀 때 사용하는 수일 뿐이다. 제로는 보통은 자연수의 무리에는 넣지 않는다. 많은 사람에게 있어서는 아무것도 없는 것을 센다는 것은 부자연스럽기 때문인지도 모른다.

그러나 논리적으로 말하면 제로는 음의 정수(−1, −2, −3, −4, …)보다도 훨씬 정수답다고도 할 수 있다. 왜냐하면 여러 가지 질문에 대한 답으로서 제로도 그 밖의 자연수와 같은 자격으로 나타낼 수 있기 때문이다. 그것은 '몇입니까'라는 질문을 했을 때이다.

당신이 이 책을 읽고 있는 방 안에는 몇 명의 사람이 있습니까?

당신이 이 책을 읽고 있는 방 안에는 몇 마리의 코끼리가 있습니까?

처음의 질문의 답은 틀림없이 1명 또는 2명이나 3명일지도 모른다. 그러나 나중의 질문의 답은 아마 제로일 것이다. 그래서 제로는 1이나 2나 3과 같은 자격으로 사용할 수 있는 하나의 수이다.

러셀의 지적

그러나 이와 같이 '제로는 하나의 수이다'라고 내가 말하면 당신은 틀림없이 '그러면 수란 도대체 무엇일까'라고 반문할 것이다. 그 회답을 한마디로 말하면 다음과 같은 것이다.

수란 어떤 추상화(抽象化)의 산물이다. 물건의 집합이 몇 갠가 있으면 각각의 집합의 요소 사이에는 공통인 점은 전혀 없어도 집합 전체로서는 잘 닮은 성질을 갖고 있는 경우가 있다. 예컨대 2개의 산의 집합을 A, 두 마리의 새의 집합을 B라 한다. 산과 새는 전혀 다른 대상이지만 집합 A와 집합 B를 비교하면 그 사이에는 닮고 있는 점, 즉 공통으로 갖고 있는 성질이 있다. 그것은 '어느쪽도 2개의 요소로부터 성립하고 있다' 라는 것이다. 우리들은 이러한 것을 바로 알 수 있지만 옛날 사람은 그렇지 않았던 것 같다. 그들은 한 마리의 꿩과 두 마리의 꿩의 차이, 1일과 2일의 차이는 잘 알고 있어 그것들을 분명히 분간하는 말을 가지고 있었다. 그러나 영국의 철학자 버트란드 러셀이 지적한 것처럼

"한 쌍의 꿩과 날짜의 2일이 어느쪽도 2라는 수의 구체적인 예라는 것을 인지하기까지는 인류는 실로 기나긴 세월을 필요로 하였다."

라는 것이다.

그러면 지금 말한 것을 수학적으로 분명히 말하면

"2라는 수는 무엇이든 어떤 2개의 것을 포함하는 모든 집합에 공통인 성질이다."

라고 할 수 있다. 각각의 집합에 포함되는 것이 사람이든, 집이든, 파리든, 산이든, 그 밖의 어떠한 것이어도 그것은 문제로 삼지 않는다. 어떠한 집합도 2개의 물건을 포함한다라는 점에서만 보면 같은 것이다.

이러한 까닭으로 우리들이 1, 2, 3, …은 수이다라고 할 때의

2개의 산의 집합과 두 마리의 새의 집합

의미를 상세히 말하면 다음과 같이 된다. 1이란 단지 1개의 물건 밖에 포함하지 않는 모든 집합이 갖는 수이다. 2란 2개의 물건을 포함하는 모든 집합이 갖는 수이다. 3이란 3개의 물건을 포함하는 모든 집합이 갖는 수이다. 이하 마찬가지로 계속된다. 얼마든지 많은 물건을 포함하는 집합이 있을 것이기 때문에 수도 무한히 있는 것이 된다.

공집합으로서의 제로

그렇다면 제로는 어떠할까. 이것은 사람도, 코끼리도, 파리도, 산도 그 밖에 어떠한 것도 포함하고 있지 않는 집합(수학에서는 공집합이라 한다)을 나타내는 수이다.

즉 간단히 말하면 제로는 공집합(空集合)의 수이다. 마찬가지로 1, 2, 3, …은 각각 1개, 2개, 3개, …의 것을 포함하는 집합의 수이다.

이와 같이 '집합의 요소의 수'라는 점에서는 0도, 1도, 2도, 3도, …, 완전히 같지만 제로에는 그 밖의 수와는 조금 다른 점도 있다. 제로 이외의 수는 그 개수를 가지는 집합이 끝없이 많이 있지만 제로를 나타내는 집합은 단지 하나, 즉 공집합밖에 없다.

사람의 공집합에서도, 코끼리의 공집합에서도, 파리 또는 산의 공집합에서도 텅 비었다는 점에서는 완전히 같다. 즉 공집합은 단지 하나밖에 없다.

끝없이 많이 있는 자연수 중에서 제로가 매우 재미있는 성질을 갖고 있는 원인은 바로 이 점에 있다. 어떤 자연수도 물론 단지 하나밖에 없다. 2는 3과 다르고, 3은 4와, 4는 5, 그 밖에 어떠한 수와도 다르다. 그러나 제로가 단지 하나라고 할 때의 의미는 더 훨씬 깊다. 그렇기 때문에 제로는 기타의 어떤 수보다도 중요하고 흥미있다.

자기 이외의 어떠한 수로도 나누어 떨어지는 것은 제로뿐이다. 또 그 밖의 어떠한 수를 나눌 수 없는 수는 제로뿐이다.

이 두 가지 특징 때문에 제로는 그 밖의 모든 수 중에서 특수한 지위를 차지하고 있다. 이제부터 이 책의 여기저기에서 여러 가지 수의 특징에 대해서 이야기할 작정이다. 제로는 확실히 그 밖의 자연수와 닮고 있는 점도 있지만 그것들과는 매우 다른 재미있는 수이고 이것이야말로 수 중의 최초의 그리고 최후의 수이다라고 말할 수 있을 것이다.

문 제

10개의 숫자는 여러 가지 방법으로 배열할 수 있다. 그 중의 두 가지에 대해서 이야기 해두었다. 그 하나의 방법에서는 제로는 9의 다음에 있었다. 그 밖의 배열방법에서는(이것은 그다지 시행되지 않지만) 제로를 1의 앞에 둔다. 일반적으로는 앞의 배열방법을 시행하는 일이 많다.

그러면 다음의 숫자는 어떤 사고방식으로 배열되어 있는 것일까?(이것은 많은 수학자를 난처하게 만든 난문이다?!)

≪힌트 : 이들 수를 영어로 적어 보기 바란다≫

8 5 4 9 1 7 6 3 2 0

(답은 221페이지에 있다.)

1의 이야기

어떠한 수라도 1로 나눌 수 있으나 어떠한 수도 1은 나눌 수 없다. 그리고 1은 모든 수를 만드는 기초이다! 수론 중에서 이러한 것은 가장 단순하고 중요한 사실이다. 홀수·짝수, 소수·합성수 등과 밀접한 관계를 갖는 이 특수한 수 1은 수학의 세계에서 어떻게 군림하고 있는 것일까?

하나의 별과 많은 늑대

산술의 보통의 계산을 할 때에 1이라는 수가 어떠한 특별한 역할을 하는지는 누구나가 잘 알고 있다. 1의 성질이 제로의 성질과 다른 것을 우리들은 조금도 이상하게 생각하지 않는다. 사실상 1이라는 수의 성질은 매우 단순하므로 보통은 너무 깊게는 생각하지 않고 국민학교에서도 새삼 그것을 공부하지 않을 것이다. 어떠한 수에 1을 곱해도 어떠한 수를 1로 나눠도 답이 원래의 수와 같아지는 것은 당연하다고 생각하고 있다. 그러나 이 극히 단순한 특징이야말로 수에 대한 연구의 기초가 된다.

먼저 1과 2 이상의 수 사이에 있는 매우 큰 차이를 생각해 보자.

갓난아기는 1세 반쯤 되면 이 차이를 알기 시작한다고 한다. 그리고 상당히 어린 동안에 하나와 많음의 차이를 분명히 알게 된다고 한다.

아놀드 게젤은 『인생의 최초의 5년』이라는 책 속에서 다음과 같이 말하고 있다. "갓난아기가 1세 반쯤 되면 '많다' 라는 것에 흥미를 보이는 것 같다. 많은 블록쌓기 장난감을 주면 그것을 한 무더기로 합치거나 또 그것을 뿔뿔이 부수거나 한다. 이에 비해서 1세쯤의 갓난아기의 사고는 단일적(單一的)이다."

노천의 모닥불 주위에는 늑대가 한 마리 있는가 두 마리 이상 있는가, 어떤 부락과 다음의 부락 사이에는 하천이 하나 있는가 둘 이상 있는가, 모닥불이 꺼진 뒤의 하늘에는 별이 하나 빛나고 있는가 둘 이상 빛나고 있는가이다. 이러한 까닭으로 수를 나타내기 위해 우선 최초로 사용되는 말은 '하나' 와 '많이' 의 두 가지

$$X \times 1 = X$$
$$Y \div 1 = Y$$

어떠한 수(그것을 X라 한다)에 1을 곱해도 어떠한 수(그것을 Y라 한다)를 1로 나눠도 답은 원래의 수와 같아지는 것은 누구라도 알고 있다. 그러나 이 극히 단순한 특징이야말로 수에 대한 연구의 기초가 된다.

다. 이때 수라고 할 수 있는 것은 '하나' 즉 1뿐이다. 그러나 이 수를 반복해서 사용하면 몇 개의 것이라도 셀 수 있고 게다가 매우 정확히 셀 수 있다. 원시인이 모닥불에서 갑자기 눈을 쳐든다. 앗, 늑대다! 한 마리가 아니다(지금 실제는 두 마리가 있었다고 하자). 그러나 그들은 '2'를 나타내는 말을 모르기 때문에 '많이' 있다고 말할 뿐이다. 얼마만큼 많이? 원시인은 그 곳에 있는 늑대와 같은 만큼 있는 별개의 것을 마음 속에 그려서 모두에게 낯익은 여러 가지를 머리 속에서 비교해 본다. 그리고 큰 소리로 '늑대가 있다. 새의 양날개와 같은 만큼 많이 있다!'라고 외칠 것이다.

이와 같이 하여 '많은' 중에도 여러 가지 단계가 있음에 일단 착안하면 이 사고방법은 다음에서 다음으로 진행되어 감에 틀림없다. 잘 알고 있는 여러 가지의 것을 상상하여 늑대 한 마리, 한 마리와 결부시켜 보면 새의 양날개의 다음에는 클로버(토끼풀)의 잎, 동물의 발, 한쪽 손의 손가락, …이라는 식이다. 이와 같이 하여 수로서는 1밖에 몰라도 1마리에서 5마리 정도까지의 늑대의 수를 '센다'는 것이 가능해질 것이다.

모두 1부터 시작되었다

그러면 다음에는 한쪽 손의 손가락보다 많은 것의 집합을 찾는다. 그러나 6개로 이루어진 집합은 자연계에서는 좀처럼 발견되지 않는다. 그래서 6마리째의 늑대와 결부시키기 위해 전혀 새로운 집합을 찾는 것을 그만두고 다른 한쪽의 손가락을 1개만 먼저의 손에 덧붙일 것이다. 이것은 매우 멋진 생각이다. 거듭 1마리가 늘어나도 손가락을 1개 덧붙이면 되고 이렇게 하여 양손의 손가락(즉 10마리)까지는 쉽게 셀 수 있기 때문이다.

그런데 늑대가 더 왔다. 양손의 손가락은 다 써버렸다. 자, 어떻게 하면 될까. 발가락을 사용하는 것도 하나의 방법이다. 현재도 미개인 중에는 실제 그와 같이 하는 자도 있다. 그러나 손가락을 다시 한번 사용할 수 없는 것일까. 그것을 위해서는 양손을 펼쳐 보이고 나서 거듭 손가락을 1개 나타내어 보이면 될 것이다. 이와 같이 하여 무한히 계속되는 길로의 첫걸음을 내딛어 버린 것이다. 결코 '무한'에 도달하는 일은 없겠지만 얼마든지 그것을 향해서 나아갈 수 있다. 그 이상 나아갈 수 없다라는 일은 결코 없다(뒤의 장에서 이 사고방법으로 실제로 '무한개'의 것을 셀 수 있다는 이야기를 한다).

아무리 많은 늑대가 다가와도 원리적으로는 이 방법으로 '셀 수 있다.' 거듭 1마리가 다가오면 지금까지 사용한 손가락에 또 1개를 붙이면 된다.

이제까지의 것을 정리해 보자.

우리들은 1이라는 수만을 사용해서 다음과 같은 식으로 자연수의 끝없는 집합을 만들어낸 것이다.

10 이상을 세는 데는 발가락도 사용한다

그러한 것은 다 알고 있다고 할지도 모른다.

  1=1
  2=1+1
  3=1+1+1
  4=1+1+1+1
  ....

그러나 자연수라는 것은 바로 이것인 것이다. 이 자연수 위
에 수의 매우 아름다운 이론이 구축되어 가는 것이다.

양파와 같은 수

1에 그 자신을 더해 가면 모든 수를 만들 수 있다는 사실에 의
해서(1만이 단지 하나의 수는 아닌 것으로 된 후에도) 1은 특별한
중요성을 가지게 된다. 그리스인은 수 1을 정의하면서 매우 어려
움을 겪었다. 그 이유는 그것은 1 이외의 모든 수를 정의하는 기
본이기 때문이다. '수를 만들어 내는 것의 자체는 수인 것일까'

그들은 이렇게 자신에게 질문한 결과 1은 수가 아니라는 결론에 도달했다. 그리고 1을 수의 '시작', '원리'라고 정의하였다.

1은 그 밖의 수와는 매우 다르므로 그것을 최초의 홀수라고 간주하지 않고 최대의 '홀짝수'라고 생각했다. 그 이유는 1을 더하면 홀수에서 짝수가, 짝수에서 홀수가 되기 때문이다. 1은 보통의 수는 아니고 N이라고 쓰는 특별한 수이어서 마치 양파처럼 모든 수가 N 속에 층(層)이 돼서 포함되어 있다.

양파의 비유는 억지가 아니다. 시프리의 『어원(語源)의 사전』에는 다음과 같이 적혀 있다.

"아마 농담이라고 생각하는데 '단결(union) 속에 힘이 있다'라는 말을 '양파(onion) 속에 힘이 있다'라고 바꿔 말한 사람들이 있는데 아마 이 사람들은 실제로 onion 속에 union이 있다는 것을 몰랐던 것은 아닐까? 라틴어의 unus가 영어의 one이 된 것과 마찬가지의 모음의 변화가 라틴어의 union 등에서도 볼 수 있다. 많은 층이 서로 겹쳐서 단지 하나의 구(球)로 되어 있다는 사고이다. onion이라는 것은 아무리 껍질을 벗겨도 결코 핵(核)에는 도달하지 않는다는 상징이다."

이 위대한 '많은 것 중의 하나(e pluribus unum)'는 수 중에서는 언제나 최상위에 놓여졌다. 신비주의가 번영하고 수학이 쇠퇴하고 있던 중세의 시대, 1이라는 수는 신 즉 창조주, 제1원인(原因), 제1동인(動因)을 나타냈고 그 밖의 수는 그것과 1과의 거리에 비례한 만큼의 불완전성을 갖는 것이라 하였다. 1의 바로 이웃의 수 2는 죄를 나타낸다. 더 큰 수라도 그것은 차츰 1로 귀착되는 것이므로 구제로부터 완전히 누락된 것은 아니다. 1에 대해

1은 신, 2는 죄를 나타낸다

서 이러한 하찮은 의미부여를 한 것이 실은 수학적으로 보아 상당히 흥미있는 특징으로도 되어 있다. 그것은 산술의 계산을 할 때에 전적으로 당연하고 새삼스럽게 이러쿵저러쿵 말할 필요가 전혀 없다고 생각되고 있는 다음의 성질,

어떠한 수도 1로 나눌 수 있다

어떠한 수로도 1은 나눌 수 없다

라는 것을 말한다.

무수히 많이 있는 수의 하나하나는 모두 각각의 특징을 가지고 있지만 어떤 점에서는 서로 닮고 있는 그룹이 있다. 그러나 1은 매우 독특하여 굳이 닮고 있는 수라고 하면 0 정도의 것이다. 어떠한 수도 1로는 나눌 수 있으나 어떠한 수도 0으로는 나눌 수 없다. 어떠한 수로도 1은 나눌 수 없으나 어떠한 수로도 0은 나눌 수 있다. 따라서 모든 수 중에서 이 0과 1은 특별한 입장에 있는 것이다.

덧없는 짝수, 다부진 홀수

곱셈이나 나눗셈을 할 때 1이 갖는 독특한 역할은 1을 차례로 더함으로써 모든 수가 만들어지는 사실과 깊은 관계가 있다. 1은 모든 수를 만드는 기초이다. 그런 것은 당연하다고 할지 모르지만 이것이 수론 중의 가장 단순하고 중요한 사실이라는 것을 잊어서는 안된다. 수의 사이에 숨어 있는 비밀을 해명하려고 할 때 '어떠한 수도 1로 나누어 떨어진다' 는 사실이 도움이 되는 일이 많다. 모든 것은 여기서부터 출발한다. 또 이것도 당연하지만 '어떠한 수도 자기자신으로 나누어 떨어진다' 는 사실도 사용한다.

그러면 0, 1, 2, 3, 4, …라는 하나씩 증가하고 있는 수의 열이 주어졌을 때 어떠한 수도 1로 나누어 떨어지고 어떠한 수도 그 자신으로 나누어 떨어진다라고 하는 바로 알 수 있는 사실 이외에 우선 최초로 생각할 수 있는 문제는 다음과 같은 것이다.

서로 나눌 수 있다, 나눌 수 없다라는 성질에 대해서 어떠한 것을 알아차리게 되는 것일까.

수에 한정되는 것은 아니지만 무언가 어떤 그룹을 조사할 **때**에 먼저 최초에 하는 일은 그것을 거듭 작은 그룹으로 분류하는 일이다. 36페이지에서 거론한 1에 대한 두 가지 사실은 수의 분류에는 전혀 도움이 되지 않는다. 어떠한 수에 대해서도 성립하는 성질이기 때문이다. 그래서 1의 다음의 수로서 2로 나누어지는지 어떤지에 주목하자. 이것은 아득한 옛날 사람도 알아차린 것이다.

여러분도 잘 알고 있는 것처럼 2로 나누어 떨어지는 수를 **짝수**라 부르고 2로 나누어 떨어지지 않는 수——2로 나누면 1이 남는 수——를 **홀수**라 부른다. 어떠한 수도 반드시 이 어느쪽의 그룹에 들어가고 또 같은 수가 양쪽의 그룹에 들어가는 일은 없다.

그리스인은 홀수·짝수라는 이 분류법을 매우 중요시하고 또 신비주의를 거론하여 그것을 인간의 2개의 성(性)과 결부시켰다. 짝수는 '덧없는 것' 즉 여성이고 홀수는 '다부진 것' 즉 남성이라는 것이다. 그러나 2로 나누어 떨어지는지 아닌지라는 것은 너무나도 지나치게 일반적이어서 발전성이 없을 것 같다.

소수인가 합성수인가

그래서 거듭 다음의 두 가지 구별을 생각해 보자. 실제로 최초

쪽의 몇 갠가의 자연수를 시험해 보면 알 수 있는 일인데

(A) 2, 3, 5, 7처럼 1과 자기자신밖에는 나누어 떨어지지 않는 것

(B) 4, 6, 8, 9처럼 1과 자기자신 이외의 수로 나누어 떨어지는 것

의 구별을 알게 된다.

이 분류는 매우 중요하여 그 후의 수학의 발전의 기초가 되는 것으로서 딕슨의 『수론』이라는 3권의 큰 책의 제1권을 차지하고 있는 주제이다. 위의 (A)의 그룹에 속하는 수를 소수(素數)라 부른다. (B)에 속하는 수는 소수의 곱으로서 나타낼 수 있음을 바로 알 수 있으므로 이것을 합성수(合成數)라 부른다.

(n이 소수가 아니라 하면 1과 n 사이에 약수가 있으므로 그들 중의 최소의 것을 a라 하면 a는 소수이다. n을 a로 나눈 답에 대해서 마찬가지의 것을 생각해 가면 결국은 n이 소수의 곱으로 분해된다. 이 분해의 방법이 한 가지라는 것은 바로 뒤에서 증명한다.)

$$\text{수} \begin{cases} \text{소수} \\ \text{합성수} \end{cases}$$

$$\text{소수} \times \text{소수} \times \cdots = \text{합성수}$$

　앞에서 모든 수는 0에 1을 차례로 더해감으로써 만들어진다는 것을 이야기했다. 나누어지느냐 나누어지지 않느냐라고 할 때에도 0과 1은 조금 특별하지만 2부터 뒤의 수는 반드시 소수나 합성수의 어느쪽이 된다(0은 약수가 무한히 있으므로 소수는 아니고 또 소수의 곱으로 되어 있지 않으므로 합성수도 아니다. 1을 소수에 넣지 않는 것은 별개의 이유이고 이에 대해서는 42페이지에서 언급한다).

$$1+1 \qquad = 2 \ (소수)$$
$$1+1+1 \qquad = 3 \ (소수)$$
$$1+1+1+1 \qquad = 2 \times 2 \ (합성수)$$
$$1+1+1+1+1 \qquad = 5 \ (소수)$$
$$1+1+1+1+1+1 \qquad = 2 \times 3 \ (합성수)$$
$$1+1+1+1+1+1+1 \qquad = 7 \ (소수)$$

$$\cdots\cdots \qquad \cdots\cdots \qquad \cdots\cdots$$

　좌측과 같이 1의 합으로 나타내는 방법이 한 가지라는 것은 말할 것도 없으나 우측과 같이 합성수를 소수의 곱으로 나타내는 방법이 한 가지밖에 없다고 하는 것은 그다지 당연하지는 않다.

　예로서 17640을 생각하자. 이것은 17640개의 1의 합이지만 이것을 소수의 곱으로 분해하면

$$2 \times 2 \times 2 \times 3 \times 3 \times 5 \times 7 \times 7$$

이고 17640의 소수의 약수는 2, 3, 5, 7 이외에는 없다. 그리고 3개의 2, 2개의 3, 1개의 5, 2개의 7이라는 조합 즉 $2^3 \cdot 3^2 \cdot 5^1 \cdot 7^2$ 만이 17640이 된다. 17640의 약수는 2, 3, 5, 7 이외에도 6, 10, 14, 21, 35, … 처럼 많이 있지만 이것들도 결국은 소수로 분해되어

버린다. 이러한 까닭으로 어떠한 수도 그 소인수분해의 방법이 한 가지이다라는 것은 이와 같은 의미이다(뒤에 말끔히 증명한다.

 물론 순서를 바꾸면

 $2 \times 2 \times 3 \times 5 \times 2 \times 7 \times 7 \times 3$

 $3 \times 5 \times 7 \times 2 \times 2 \times 2 \times 3 \times 7$

과 같이 여러 가지를 적을 수 있으나 이러한 차이는 문제 밖으로 한다).

수론의 기본정리

 그러면 이 종류의 명제의 의미에 대해서 조금 생각해 보자. 임의의 수라 할 때에는 그것은 무한히 많이 있는 수 중의 임의의 하나를 말하는 것이므로 아무리 커도 상관없다. 인간이 일생 동안 걸려서도 다 적을 수 없을 것 같은 큰 수(그러한 큰 수의 예는 이 책의 뒤에 실제로 나온다)라도 상관없다. 아무튼 이 수를 n이라 한다.

 n의 상이한 소인수(약수이고 소수가 되는 수를 말함)가 r개 있었다 하고 이것들을 $p_1, p_2, \cdots, p_r$이라 한다. 같은 인수가 몇 개나 있는지도 모르므로 p_1은 k_1개, p_2는 k_2개, $\cdots$, p_r은 k_r개 있었다고 한다.

 그렇게 하면

 $6 = 2 \cdot 3, \ 17640 = 2^3 \cdot 3^2 \cdot 5 \cdot 7^2$

이라 적을 수 있었던 것처럼

 $n = p_1^{k_1} \cdot p_2^{k_2} \cdot \cdots \cdot p_r^{k_r}$

으로 나타낼 수 있는 것인데 이 표현방법이 한 가지라고 하는 것이다. 이 사실은 수론의 연구에서 매우 중요하므로 이것을 **수론의 기본정리**라 부르고 있다.

그러면 이 정리를 증명하려고 하는 것인데(수학에서는 몇 개의 실례에 대해서 확인한 것만으로는 불충분하며 말끔한 증명이 필요한 것이다!) 그를 위해서는 다음의 **보조정리**가 필요하다.

2개 이상의 수 a, b, …의 곱 $n = a \cdot b \cdots$가 어떤 소수 p로 나누어 떨어질 때는 a, b, … 중의 적어도 또 하나가 p로 나누어 떨어진다.

예를 들어서 설명하면

$$15 \times 28 \times 42 = 17640$$

은 소수 2로 나누어 떨어지므로 좌변 중의 적어도 하나(이 경우에는 28과 42의 2개)가 2로 나누어 떨어진다.

또 17640은 5로 나누어 떨어지므로 좌변 중의 적어도 하나(즉 15)가 5로 나누어 떨어진다.

이 보조정리의 증명까지 소급하는 것은 큰 일이므로 이것은 옳은 것으로 하고 이것을 사용해서 기본정리를 증명해 보자. 증명의 방법은 옛날부터 잘 알려진 **배리법(背理法)**에 따른다. 이것은 '만일 결론이 옳지 않다고 하면, ……' 이라는 식으로 사고하는 방법이어서 지금의 경우에는 '만일 소인수분해가 한 가지가 아니었다고 하면……' 이라고 가정하는 것이다.

이 두 가지의 서로 다른 소인수분해를

$$n = p_1^{k_1} \cdot p_2^{k_2} \cdot \cdots \cdot p_r^{k_r}$$
$$n = q_1^{\ell_1} \cdot q_2^{\ell_2} \cdot \cdots \cdot q_s^{\ell_s}$$

이라 한다. p_1, $p_2, \cdots, p_r$와 q_1, $q_2, \cdots, q_s$는 모두 소수이다. 그러

1은 소수의 무리에서 제거되었다

면 (1)을 보면 n은 p_1으로 나누어 떨어짐을 알 수 있는데 n은 (2)와 같이도 적을 수 있으므로 $q_1^{\ell_1} \cdot q_2^{\ell_2} \cdot \cdots \cdot q_s^{\ell_s}$가 p_1으로 나누어 떨어진다. 그렇게 하면 보조정리에 의해서 $q_1,\ q_2, \cdots,\ q_r$의 어느것인가(예컨대 q_3)가 p_1으로 나누어 떨어지게 된다. q_3는 소수이고 그 약수는 1과 q_3밖에는 없으므로 $q_3 = p_1$이 된다. 그 밖의 p에 대해서도 마찬가지이므로 어떤 p도 어느것인가의 q와 같다. 역으로 생각하면 어떤 q도 어느 것인가의 p와 같다. 결국 $p_1,\ p_2,\ \cdots,\ p_r$은 전체로서 $q_1,\ q_2, \cdots,\ q_s$와 같고 (1)과 (2)와는 일치해 버린다. 이것은 (1)과 (2)가 틀린 표현방법이다라는 가정에 반한다. 그러므로 처음의 가정은 잘못이고 소인수분해의 방법은 한 가지가 된다. 이것으로 증명이 되었다.

이 정리는 수론의 연구에 본질적으로 중요한 것이므로 이 정리가 언제나 성립하도록 수학자는 소수의 무리에서 1을 제거시켰다. 그 이유는 만일 1을 소수의 무리에 넣으면 소인수분해의 일의성(一意性)이 더 이상 성립하지 않게 되어 버린다. 즉 실제로

$$6 = 2 \times 3$$
$$= 2 \times 3 \times 1$$
$$= 2 \times 3 \times 1 \times 1$$
$$= 2 \times 3 \times 1 \times 1 \times 1$$

처럼 인수분해가 끝없이 계속되어 가기 때문이다.

그리스인의 도전

이 기본정리의 덕분으로 임의의 수 n을 구체적인, 예컨대 6이라는 수와 마찬가지 사고방식으로 다룰 수 있다. 그렇지 않으면 하나하나의 수마다에 따로따로의 취급방법을 하지 않으면 안되고 언제까지 지나도 모든 수에 대해서 성립하는 법칙을 발견할 수는 없다.

이 정리와 관련하여 어떠한 수의 몇 제곱근이 무리수가 되는 것일까라는 일반적 문제를 생각해 보자. 그리스인은 이미 $\sqrt{2}$ 가 소수(小數)로 적으면 무리수라는 것, 즉 그것은 분수로는 나타낼 수 없고 순환하지 않는 무한소수가 되어 버리는 것을 증명하였다. 그리고 3, 5, 6, 7, 8, 10, 11, 12, 13, 14, 15, 17의 제곱근이 무리수임을——건너뛰고 있는 수 4, 9, 16의 제곱근은 정수이다——증명하였으나 이 17에서 중지하였다. 이와 같이 수고를 해도 무한히 있는 수 중의 극히 일부분을 증명한 것뿐임을 깨달았기 때문일 것이다. 거듭 제곱근만은 아니고 3제곱근, 4제곱근, 5제곱근 등도 조사해 보지 않으면 안되고 이것도 또한 끝이 없다. 그런데 여기서는 증명은 하지 않지만 수론의 기본정리를 사용하면 임의의 수의 임의제곱근에 대해서 직접 게다가 간단하게 일거에 증명돼

버린다(즉 N이 어떤 n의 m제곱이 아닌 이상 N의 m제곱근은 무리수가 된다. 또 분수를 몇 제곱해도 정수로는 되지 않는다. 예컨대 3/2를 몇 번 곱해 가도 결코 정수로는 되지 않는 것을 알 수 있다).

수학에서는 어떤 명제가 1에 대해서 옳다, 2에 대해서 옳다, 3에 대해서 옳다, …라고 아무리 계속해 가도 결코 모든 수에 대해서 옳다는 것의 증명으로는 되지 않는다. 자연수에 대한 명제는 모든 수에 대해서 하나하나 조사해 보는 것——실제 그러한 것은 불가능한 것이지만——을 하지 않고 전부의 자연수에 대해서 옳다는 것을 증명하지 않으면 안된다. 수론으로부터 인간에의 이러한 도전에 대한 답도 1이 모든 수의 기초라는 것, 그리고

　어떤 수도 1로 나누어 떨어진다

　어떤 수도 그 자신으로 나누어 떨어진다

라는 것을 바탕으로 하고 있는 것이다.

퀴 즈

나누어 떨어지는지 아닌지 하는 것은 정수의 연구의 기초이다. 이하 이 책의 전체에서 다음과 같은 문제에 관련되는 이야기를 하고 그 해답을 연구하는 것이지만 그 전에 당신이 스스로 그것들의 해답을 생각해 두면 좋다.

1. 약수를 갖지 않는 수가 있는가?
2. 단지 하나밖에 약수가 없는 수는 몇 개 있는가?
3. 2개밖에 약수가 없는 수는 몇 개 있는가?
4. 무한히 많은 약수를 가지고 있는 수는 있는가?
5. 어떤 수의 약수도 아닌 수는 있는가?
6. 모든 수의 약수로 되어 있는 수는 있는가?
7. 무한히 많은 수를 나누어 떨어지게 하는 수는 있는가?
8. 1과 그 자신밖에 약수를 갖지 않은 수 가운데 최대의 것은 몇 개인가?
9. 2개밖에 약수가 없는 짝수는 어느것인가?
10. 약수를 가장 많이 갖고 있는 수는 제로 이외에 있는가?

(답은 221페이지에 있다)

.2의 이야기

2는 10이라고도 적는다고 들으면 깜짝 놀랄 것인가? 대(大)수학자 라이프니츠에 의해서 발명된 2진법은 이윽고 현대의 컴퓨터 속에서 보기 좋게 꽃피었다! 0과 1만을 사용해서 모든 수를 나타낼 수 있는 이 2진법의 수학적인 의미와 매력에 초점을 맞추어 보면 ……

2는 10이라고도 적는다?!

2라는 수를 10이라고 적는 일도 있다라고 말하면 독자는 깜짝 놀랄지도 모른다. 그러나 이제부터 이야기하는 2진법이라는 시스템에서는 실제로 2를 10, 3을 11 등이라 적는다.

이 2진법은 가지가지의 역사를 걸어왔다. 그것은 하나하나 뿔뿔이 흩어진 것을 몇 개씩으로 묶는다는 원시인의 사고방법에서 시작하고 있다. 이것을 생각해낸 것은 위대한 수학자 라이프니츠이고 뒤에서 이야기하는 것처럼 라이프니츠는 이 2진법을 사용해서 중국의 황제를 그리스도교로 개종시키려고 하였다 한다.

20세기까지는 2진법에는 단순한 수학적인 재미밖에 없다고 생각되고 있었으나 현재와 같이 전자계산기의 시대가 돼서 2진법이야말로 계산기의 이상적인 기수법이라는 것을 알게 되었다.

그리고 10진법과 2진법의 상호변환(變換)도 간단히 할 수 있게 되어 있다.

그런데 2개씩 묶는 방법은 인류가 알고 있는 가장 오래된 셈법이다. 이것을 페어 시스템(pair system)이라 부르기로 하자. 페어 시스템에서는 1과 2를 나타내는 2종류의 기호가 있으면 된다.

3은 2와 1

4는 2와 2

5는 2와 2와 1

이라는 식으로 얼마든지 계속할 수 있다. 이 생각은 눈, 귀, 손, 발 등 인간의 신체의 많은 부분이 모두 2개씩 페어로 되어 있는 것으로부터 생각이 떠오른 것일 것이다(10진법은 손가락이 10개라는 것으로부터 시작된 것이지만 그 이전에 손이 2개라는 것에 착

라이프니츠(1646~1716)

라이프치히에서 태어났고 생애의 대부분을 하노버의 궁정에서 지냈다. 그의 관심은 모든 학문에 미쳐서 그 철학은 역사학, 신학, 언어학, 생물학, 지질학, 수학, 외교술, 발명술 등을 포함하고 있다. 뉴턴과 독립적으로 미분적분학을 발명하고 또한 많은 편리한 수학기호도 발명했다.

안한 시대가 있었음에 틀림없다.

페어 시스템은 매우 원시적인 것이기는 하지만 그래도 기수법에 필요한 다음의 2개의 조건

(1) 기호의 개수는 유한개이다

(2) 어떠한 큰 수라도 나타낼 수 있다

라는 성질을 갖추고 있다. 그러나 페어 시스템을 사용하기 쉬운 것은 고작 5나 6 정도까지이다.

$$2+2+2+2+2+1$$

등이라 적는 것은 매우 번거롭다.

2진법은 2를 기본으로 하고 있다는 점에서는 페어 시스템과 닮고 있지만 다음의 점에서는 매우 다르다. 즉 페어 시스템은 2개씩 묶어서 그것으로 끝이지만 2진법은 2개씩 묶은 것을 2개씩 묶고 거듭 그것들을 2개씩 묶어 이것을 가능한 한 계속해 간다. 즉 2뿐 아니고 2^2, 2^3, … 을 기초로 하여 사용하는 것이다.

2의 멱(거듭제곱이라고도 한다)이라는 것은 2를 차례로 곱해간 수를 말하는 것으로서

$$2^2 = 2 \times 2 = 4$$
$$2^3 = 2 \times 2 \times 2 = 8$$
$$2^4 = 2 \times 2 \times 2 \times 2 = 16$$
$$2^5 = 2 \times 2 \times 2 \times 2 \times 2 = 32$$
$$\cdots\cdots \qquad \cdots\cdots$$

등을 말한다. 특히 2^2을 2의 평방(제곱), 2^3을 2의 입방(세제곱)이라고도 한다.

2의 멱(거듭제곱)은 큰 수가 된다

몸은 작아도 큰 것을 이룬다

2는 작은 수이지만 2의 거듭제곱은 금방 대단히 큰 수가 된다. 2^2은 4이지만 2^{10}은 약 1000, 2^{20}은 약 100만, 2^{40}은 100만의 100만 배이다. 따라서 2만을 사용하는 페어 시스템에서 30은

$$2+2+2+2+2+2+2+2+2+2+2+2+2+2+2$$

라고 적지 않으면 안되지만 2의 거듭제곱을 사용하면

$$1 \cdot 2^4 + 1 \cdot 2^3 + 1 \cdot 2^2 + 1 \cdot 2^1 + 0 \cdot 2^0$$

이므로 2진법에서는 30을 11110이라 적는다. 지금 하나의 예를 들자. 보통의 10진법에서는

$$11111 = 10^4 + 10^3 + 10^2 + 10^1 + 10^0 (0^0 은 1을 말함)$$

이지만, 2진법으로 나타낸 11111은

$$2^4 + 2^3 + 2^2 + 2^1 + 2^0$$

을 말한다.

물론 편리한 점만 있는 것은 아니다. 10은 2보다 훨씬 크므로 같은 수를 나타내는 데에 10진법 쪽이 훨씬 짧아도 된다. 2진법에서 쓴 11111은 10진법에서는 단지 31이다. 그러나 2진법의 기호는 0과 1의 두 가지로 되는데 10진법에서는 0, 1, 2, 3, 4, 5, 6, 7, 8, 9의 10종류의 기호가 필요하다. 또 곱셈인 구구(99)표에 대해서 말하면 10진법의 구구표에는 세로 9행, 가로 9열로서 전부 81개의 난이 있지만 2진법이라면,

	0	1
0	0	0
1	0	1

으로 된다.

2진법을 발견한 수학자 라이프니츠는 어떠한 수도 0과 1만을 사용해서 나타낼 수 있다는 것에 매우 매력을 느꼈던 것 같다. 라이프니츠는 뉴턴과 같은 시대의 대(大)수학자이지만 벨의 『수학을 만든 사람들』이라는 책을 읽으면 라이프니츠의 천재성이 얼마나 넓은 범위에 걸쳐 있었는가를 알 수 있다. "해석적과 조합적, 또는 별개의 말로 표현하면 연속과 불연속이라는 정반대의 2개의 수학적 사고가 하나의 정신 속에 보기 좋게 결부되어 있다. 이러한 천재는 그의 이전에는 없었고 그의 뒤에도 아마 나타나지 않을 것이다."

신과 2진법

당시의 수학 전체를 가지고도 그의 위대한 정신을 충족할 수는 없었다. 라이프니츠는 수학과 철학 이외에도 무수한 계획을 가지고 있었던 것 같고 카톨릭 교회와 프로테스탄트 교회를 재통합하는 계획까지도 생각하고 있었다. 또 계산기도 만들었다. 그것은 덧셈, 뺄셈뿐 아니고 곱셈, 나눗셈까지도 할 수 있었으므로 그 당시로서는 최고급의 것이었다.

수학자 라플라스는 다음과 같이 말하고 있다.

"라이프니츠는 2진법의 산술을 발견했을 때 '이것이야말로 신의 창조!! 1은 신을, 0은 공(空)을 나타낸다. 0과 1로 모든 것을 나타낼 수 있도록 신은 모든 것을 공에서 창조하신 것이다'라고 말하였다 한다."

그리고 라이프니츠는 중국 궁정의 수학 고문이었던 목사에게 이것을 알려서 수학 애호가였던 중국 황제를 그리스도교로 개종시

라플라스 (1749~1827)

프랑스의 노르망디에서 태어났다. 프랑스
대혁명 전후에 정치적 지조가 없는 행동을
취했지만 『해석학적 확률론』『천체역학』 등
의 불후의 저작을 썼다.

키려고 하였다는 것이다.

라이프니츠는 자기가 발견한 2진법의 매력에 사로잡혀 있었으
나 그후의 시대의 수학자들은 그렇지도 않았다. 2진법은 확실히
단순하고 우아하지만 단지 그것만의 일이라고 생각되고 있었기 때
문이다.

그러나 2진법의 사고방식은 라이프니츠 이전에도 일반적으로
사용되고 있었던 것이고 다만 그것이 2진법이라는 것을 알아차리
지 못하였을 뿐이다.

그것은 2보다 큰 수의 곱셈을 할 수 없었던 것 같은 시대의 사
람들이 생각한 '즐거운 곱셈'이라 불리고 있는 매우 멋진 방법이
다. 예컨대 29×31을 구하고자 할 때 먼저 29를 2로 나누고 그 답
을 2로 나눠서 나머지가 1이 되든가 나누어 떨어질 때까지 계속해
간다. 다음으로 31을 이것과 같은 횟수만큼 2배를 해간다. 다음과
같이 배열해 보면 알기 쉽다.

29	31
14	62

$$7 \qquad\qquad 124$$
$$3 \qquad\qquad 248$$
$$1 \qquad\qquad \underline{496}$$

좌측이 2로 나누어 떨어졌을 때는 대응하는 우측의 숫자를 지운다. 남은 것을 합계하면 이것이 답이다.

이 방법이 옳은 이유는 2진법을 사용하면 바로 알 수 있다. 먼저 29를 차례로 2로 나누는 것은 29를 2진법으로 나타내는 것이다. 즉

$$\text{나머지}$$
$$29 \div 2 \qquad\qquad 1$$
$$14 \div 2 \qquad\qquad 0$$
$$7 \div 2 \qquad\qquad 1$$
$$3 \div 2 \qquad\qquad 1$$
$$1 \div 2 \qquad\qquad 1$$

(홀수일 때는 나머지 1, 짝수일 때는 0)

그래서 29를 2진법으로 나타내면 11101이 되는 것을 알 수 있다. 다음으로 31을 차례로 2배해 가는 것은 29를 2진법으로 나타냈을 때의 대응하는 2의 거듭제곱을 곱하는 것이 된다.

$$1 = 2^0 = 1 \qquad\qquad 31 \times 1 = 31$$
$$0 = \quad\ 0 \qquad\qquad 31 \times 0 = \ 0$$
$$1 = 2^2 = 4 \qquad\qquad 31 \times 4 = 124$$
$$1 = 2^3 = 8 \qquad\qquad 31 \times 8 = 248$$
$$1 = 2^4 = 16 \qquad\qquad 31 \times 16 = \underline{496}$$
$$899$$

2진법을 적어 보면 29=11101, 31=11111,
따라서

$$
\begin{array}{r}
1\,1\,1\,1\,1 \\
1\,1\,1\,0\,1 \\
\hline
1\,1\,1\,1\,1 \\
0\,0\,0\,0\,0 \\
1\,1\,1\,1\,1 \\
1\,1\,1\,1\,1 \\
1\,1\,1\,1\,1 \\
\hline
1\,1\,1\,0\,0\,0\,0\,0\,1\,1
\end{array}
$$

$$2^9+2^8+2^7+2^1+2^0=512+256+128+2+1=899$$

컴퓨터의 세계에서……

2진법은 모든 수를 0과 1로 나타낼 수 있어 매우 단순하므로 고속계산기로서는 정말 이상적인 것이다. 이들의 '거대두뇌'가 2진법을 사용하고 있는 것은 10진법을 직접 다루도록 만들 수 없기 때문이 아니고 10진법으로 하면 현재의 계산기와 같은 고속성을 얻는 것이 어렵기 때문이다(계산기의 내부에서는 2진법이지만 사용하는 사람은 10진법이라도 된다. 계산기 자신이 고쳐 준다).

75년 동안이나 최대의 소수라는 영예를 안고 온 수를 계산기에서 다룬다고 하자. 이 수는 $2^{127}-1$이지만 이것을 10진법으로 적어 보면

170,141,183,460,469,231,731,687,303,715,884,105,727

의 39자리의 수로서 2진법으로 적으면

111111111111111111111111

111111111111111111111111

111111111111111111111111

111111111111111111111111

111111111111111111111111

111111111111111111111

이 된다. 10진법이면 각 자리마다에 10종류의 다른 기호를 준비하지 않으면 안되지만 2진법이면 각 자리마다 단지 2종류의 기호로 된다.

고속 전자계산기에 있어서 2진법이 특별히 알맞은 이유는 이 0과 1은 단순한 기호에 지나지 않는 전류의 펄스로, 있는 것으로서 1을, 없는 것으로서 0을 하는 식으로 정말 간단하게 나타낼 수 있기 때문이다.

만일 라이프니츠가 중국의 황제를 위해서가 아니고 미래의 전자계산기에 대한 것을 예상하여 2진법을 발명한 것이었다고 하면 이 이상의 발명은 없었다고 할 수 있을지도 모른다.

2진법을 사용하면 자릿수가 매우 증가한다는 것은 계산기로서는 대단한 문제는 아니지만 인간으로서는 상당히 번거로운 것이다. 그래서 16진법이라는 것이 흔히 사용된다. 이것도 10진법보다 단순하다. 상세히 설명할 필요는 없다고 생각하지만

$$\text{(2진법의)} \quad 111 = 2^2 + 2^1 + 2^0 = 7 \ \text{(10진법)}$$

$$\text{(10진법의)} \quad 111 = 10^2 + 10^1 + 10^0 = 111 \ \text{(10진법)}$$

$$\text{(16진법의)} \quad 111 = 16^2 + 16^1 + 16^0 = 273 \ \text{(10진법)}$$

과 같은 식이다.

16이라는 수가 선정된 것은 16이 2의 멱 즉 2^4이기 때문이고 그 때문에 2진법과 16진법의 상호간의 변환은 비교적 간단하다. 다음의 표를 보면 된다.

	2진법	16진법
2^0	1	1
2^1	1 0	2
2^2	1 0 0	4
2^3	1 0 0 0	8
2^4	1 0 0 0 0	1 0
2^5	1 0 0 0 0 0	2 0
2^6	1 0 0 0 0 0 0	4 0
2^7	1 0 0 0 0 0 0 0	8 0
2^8	1 0 0 0 0 0 0 0 0	1 0 0
...	...	...

이 표의 오른쪽 난을 보면 16진법은 10진법과 잘 닮고 있다고 생각될는지도 모르나 그렇지는 않다. 16진법으로 수를 나타내기 위해서는 16종류의 기호가 필요하다. 처음의 10종류는 10진법의 0에서 9까지의 숫자를 그대로 빌려 오고 거듭 알파벳의 u, v, w, x, y, z를 사용한다. 그래서 16진법으로 적은 $3v4$, $xz7$은 10진법으로는 각각 $3 \times 16^2 + 11 \times 16 + 4 \times 1 = 948$, $13 \times 16^2 + 15 \times 16 + 7 \times 1 = 3575$를 나타내는 것이 된다.

8진법도 나쁘지 않다

　우리들은 10진법으로 나타낸 표현을 '수' 바로 그것으로 생각하고 싶어지기 때문에 둘을 2라고 적지 않고 10 등이라고 적으면 기묘한 기분이 되는 것이지만 그러나 10진법의 바탕인 10에는 특별한 우월성은 없다(현재 일반적으로 사용되고 있는 산술의 진짜 주연자는 10이 아니고 앞에서 이야기한 것처럼 0이다).

　10은 2개의 약수밖에 없지만 예컨대 12는 4개의 약수가 있으므로 12진법을 사용하면 2등분, 3등분, 4등분, 6등분을 바로 할 수 있어 훨씬 편리하다(12진법에 대한 재미있는 이야기는 앤드루스의 『새로운 수』라는 책 속에 있다).

　그러나 별개의 사고방법에서 약수가 없는 수, 즉 소수야말로 가장 좋은 밑바닥이라고 주장하는 수학자도 있다.

　10진법일 때는 $\dfrac{1}{2} = \dfrac{2}{4} = \dfrac{4}{8} =$ ……처럼 같은 분수라도 많은 표현법이 생기는 것이지만 소수를 밑바닥으로 하면 분수의 표현방법이 한 가지가 되기 때문이다.

　언제나 고속계산기를 사용하여 2진법의 사용에 익숙해진 사람들은 별개의 생각을 갖고 있다. 2진법에서는 자릿수가 매우 증가한다. 16진법에서는 기호의 개수가 지나치게 많다. 그래서 이 중간을 잡아서 8진법으로 하면 어떨까.

　이것은 매우 좋은 아이디어다. 그 까닭은

　(1) 10진법과 같을 정도로 콤팩트하다

　(2) 곱셈의 구구표는 조금 작아진다

　(3) 2등분, 4등분, 8등분을 바로 할 수 있다

그리고 더 중요한 것은

　(4) 2진법과의 변환을 쉽게 할 수 있다

이다.

 이상과 같은 여러 가지 이점은 있다 해도 일상 생활에서 10 대신에 새삼스럽게 7, 8, 11, 12 등이 밑바닥이 되는 것 같은 일은 결코 없을 것이다. 그러나 어떠한 수도 기수법의 밑바닥으로서 사용할 수 있다는 사실은 '수'자신과 그 표현방법과는 전혀 별개의 것이다'라는 중요한 것을 상기시켜 준다. '둘씩'이라는 것을 2라는 형태의 문자로 나타낼 필요는 없으나 어떠한 기호로 나타냈다고 해도 '둘씩 페어로 한다'라는 사고방식은 역시 흥미가 있다.

2진법의 문제

2진법의 계산을 하는 방법의 예를 하나씩 들어 둔다.

덧셈

$$
\begin{array}{r}
100001 \\
+\ \ \ 1011 \\
\hline
101100
\end{array}
\qquad
10진법
\begin{array}{r}
33 \\
+11 \\
\hline
44
\end{array}
$$

뺄셈

$$
\begin{array}{r}
11110 \\
-\ \ 1010 \\
\hline
10100
\end{array}
\qquad\qquad
\begin{array}{r}
30 \\
-10 \\
\hline
20
\end{array}
$$

곱셈

$$
\begin{array}{r}
1011 \\
\times\ \ \ \ \ 11 \\
\hline
1011 \\
1011\ \ \\
\hline
100001
\end{array}
\qquad\qquad
\begin{array}{r}
11 \\
\times\ \ 3 \\
\hline
33
\end{array}
$$

나눗셈

$$
\begin{array}{r}
0.010101\cdots \\
11\overline{)1.000000\cdots} \\
\underline{11\ \ \ \ \ } \\
100 \\
\underline{11} \\
100 \\
\underline{11} \\
1
\end{array}
\qquad\qquad
\begin{array}{r}
0.333\cdots \\
3\overline{)1.000}
\end{array}
$$

2진법의 다음 계산을 해보기 바란다.

1. 110010＋1111

2. 110111－11001

3. 1010×101

4. 1÷101

(답은 222페이지에 있다)

3의 이야기

소수는 수학적으로 보아 가장 흥미있는 수의 그룹
이고 3은 최초의 홀수소수이다. 그런데 우주의 전자
의 총수의 제곱보다 훨씬 큰 수 $2^{2281}-1$이 1과 그 자
신 이외에는 약수를 갖고 있지 않다! 이 수가 소수라
는 것을 어떠한 방법으로 발견한 것일까?

소수의 매력에는 이겨낼 수 없다!

소수는 수학적으로 보아 가장 흥미있는 수의 그룹이며 '3'도 그것이 최초의 홀수의 소수라는 의미에서 매우 재미있는 수이다.

어떤 저명한 수학자가 한때 다음과 같이 말한 일이 있다.

"내가 소수의 이론에 대해서 느낀 만큼의 흥미는 이제까지 누구도 또 어떠한 것에 대해서도 가져본 일이 없다고 생각한다."

옛날부터 수학을 전문으로 하지 않는 많은 사람들이 소수의 매력에 사로잡혀 왔다. 사람을 다치게 하기 위한 어떠한 계획에 대해서 소비된 시간보다도 소수의 문제를 생각하기 위해 소비된 시간 쪽이 훨씬 많은 것은 아닐까. 이 사실만큼 인간의 본성에 대한 희망을 주는 것은 없다고 생각한다. 파괴하는 방법을 생각하는 것밖에 관심을 보이지 않는 사람들에게는 이러한 것은 아마 이해가 되지 않을 것이다.

그런데 소수라는 것은 2나 3이나 5처럼 그 자신과 1 이외의 수로 나누어서는 결코 나누어 떨어지지 않는 수를 말하는 것이었다. 몇 갠가의 소수를 선정하여 서로 곱하면 소수 이외의 어떠한 수도 만들 수 있다. 그래서 이들의 수를 합성수라 한다. 이에 대해서는 앞에서 상세히 이야기 하였다(38페이지).

소수에 대한 것을 '수의 시스템을 구성하는 초석'이라 부르는 사람도 있다. 2 뒤의 짝수는 모두 2로 나누어 떨어지므로 소수가 아니다. 따라서 2 이외의 소수는 홀수에 한정된다. 그러니까 3은 최초의 홀수소수이다.

이 2종류의 수, 즉 수의 시스템을 구성하는 근본이 되는 수(소수)와 그것을 사용해서 만들어낸 수(합성수)와의 구별이 중요하다

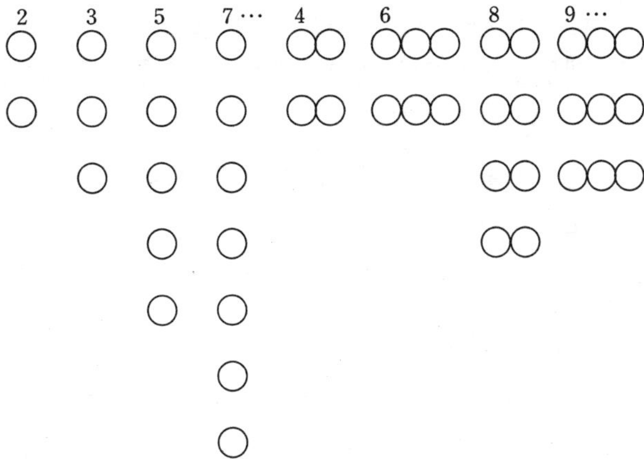

는 것을 사람들이 알아차린 것은 그다지 옛날의 일은 아니나 그
기원은 아주 옛날의 일이다. 소수의 정의가 최초로 나타난 것은
유클리드가 쓴 『기하학원론』이라는 책이다. 그러나 그것보다도 훨
씬 이전에 어떤 수는 **직선적**(그 수만큼의 단위를 1직선의 형태로
밖에 배열할 수 없다)이지만 어떤 수는 **직사각형적**이라는 것이 알
려져 있었다. 그림으로 나타내어 보이면 위의 그림과 같다.

소수는 직선적 수이고 합성수는 직사각형적 수라는 것은 말할
것까지도 없다. 24 등은 세 가지나 되는 직사각형으로 배열되며,
두 가지보다 많은 직사각형으로 배열되는 수도 많이 있다.

소수는 얼마든지 있을 수 있는가

이러한 2종류의 수를 '소수와 합성수'라 불러도 '직선수와 직사
각형수'라 불러도 이름 같은 것은 아무래도 좋다. 중요한 것은 수
학적으로 흥미있고 게다가 해결하는 것이 매우 어려운 많은 문제
가 거기서부터 탄생하였다라는 것이다. 그리고 이들 문제는 2000

년이나 되는 옛날부터 많은 사람들의 마음을 사로잡아 왔다.

이들의 대부분은 소수에 대한 문제이다. 소수의 문제가 풀리면 합성수의 문제는 저절로 풀린다.

그런데 최초로 제출되어 최초로 해결된 것은 다음의 문제이다.

'소수는 어느 정도 많이 있을까?'

더 수학적인 말로 표현하면

'소수의 집합은 유한인가 무한인가?'

이 문제가 우선 최초로 제출된 것에는 큰 의미가 있다. 만일 소수의 집합이 유한이었다고 하면 그것이 무한인 경우만큼은 흥미를 끌지 않는다. 유한개의 집합에 대해서 무언가를 알고 싶다고 생각했을 때는 이론적으로 말하면 단지 인내력만 있으면 된다. 아무리 많이 있다 해도 끝으로부터 하나씩 조사해 가면 언젠가는 마지막이 되어야 할 것이다. 그래서 유한집합에 대한 도전은 단순한 육체적인 문제라고 말 못할 것도 없다. 그런데 무한집합에 대한 도전은 정신적인 문제이다.

규칙적으로 나타나고 예측할 수 있는 수에 대해서는 그것이 끝없이 많이 존재하는 것은 명백하다. 예컨대 어떤 자연수에 1을 더하면 언제나 별개의 자연수를 얻을 수 있기 때문에 자연수의 집합은 무한이다. 짝수의 집합·홀수의 집합도 마찬가지이다. 최후의 자연수·최후의 짝수·최후의 홀수 등은 없다.

이것들에 비하면 소수가 어느 정도 많이 있는가 하는 문제는 매우 어렵다. 자연수는 목걸이의 구슬처럼 말끔히 배열되어 있고 어느 것도 그 전후로부터 같은 만큼의 거리에 있다. 짝수번째·홀수번째의 구슬도 하나 걸러 규칙적으로 나타난다.

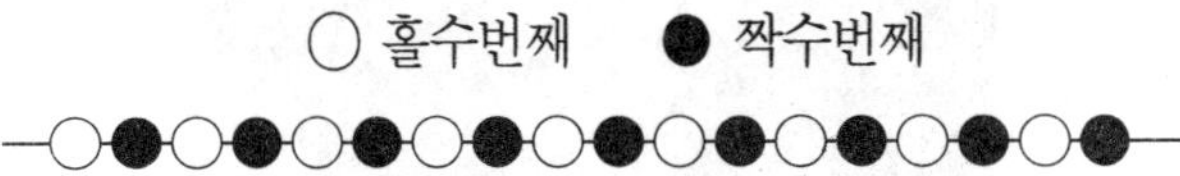

그런데 소수번째의 구슬이 나타나는 방법에는 아무런 패턴이 없는 것처럼 보인다.

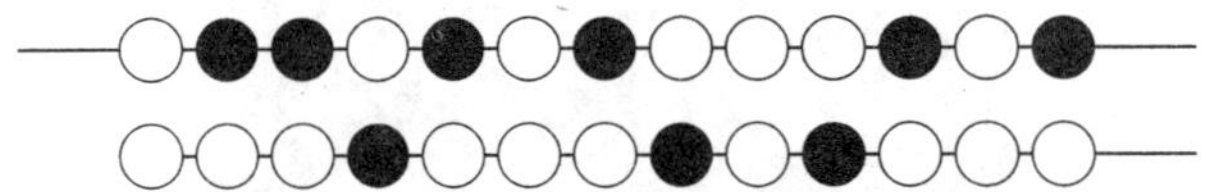

하디와 라이트는 그 저서 『정수론입문』 속에서 다음과 같이 언급하고 있다.

소수의 '평균적인' 분포는 매우 규칙적인 것이나 소수 그 자신의 분포는 매우 불규칙하다. 그래서 수(cipher)의 기저(基底)로서 작은 소수를 잡는 것이 좋다고 생각한다(아라비아 숫자가 유럽에 도입되었던 당시는 매우 신비적인 문자처럼 생각되고 있었기 때문에 시플이라는 말에서 cipher라는 말이 탄생하였다고 한다).

기하학원론

그런데 소수가 무한히 많이 존재한다는 최초의 증명은 그리스도 기원보다 300년 정도 전에 유클리드라는 수학자가 쓴 『기하학원론』이라는 책 속에 있다. 이 증명은 수학적인 아름다움이라는 점에서 매우 우수한 것이고 오늘날조차도 수학자 사이에서 경의와 선망을 갖고 바라보고 있다. 어떤 수학자는 '만일 이 증명이 생각되지 않았었다면 과연 내가 생각해 낼 수 있었는지 의심스럽다"라

기하학원론

프톨레마이오스 1세 무렵의 알렉산드리아의 수학자 유클리드가 쓴 13권의 수학서. 현대의 입장에서 보면 불비한 점도 있으나 먼저 공리와 정의를 명확히 들고 그 것에 의거해서 정리를 증명해 간다는 수학 본래의 이론 구성에 의해서 쓴 놀랄만한 책이다.

서구 세계에서는 바이블에 이어서 많이 인쇄되었다고 일컬어지고 있고 근대의 수학 교육에도 큰 영향을 미쳤다.

13권으로 이루어졌으나 반드시 기하학에 한정되는 것은 아니고 수론의 내용도 많이 포함되어 있다. '평행성의 공리'는 특히 유명하고 이 연구로부터 비유클리드 기하학이 탄생하였다.

고도 말하고 있다.

유클리드는 아테네 사람으로 대부분의 일생을 통해서 알렉산드리아의 학교에서 수학을 가르치고 있었다(이 학교는 그 자신이 도움을 주어서 설립한 것이다). 탐블은 『대수학자들』이라는 책 속에서 다음과 같이 쓰고 있다.

"한 사람의 천재적인 학자에 대해서 겸허하고 언제나 타인의 독창적인 작업을 존중하며 매우 친절하고 참을성이 많았다라는 이야기가 전해지고 있다."

그는 일생을 수의 연구에 바쳤으나 그것은 수로 실생활에 도움을 주기 위해서가 아니고 단지 수 그 자체가 흥미있다는 이유 때문이었다. 유클리드에 대해서는 두 가지 에피소드가 전해진다.

어느때 제자 중 한 사람이

"이 정리를 증명할 수 있으면 돈이 얼마나 벌립니까?"

라고 유클리드에게 물었더니 유클리드는

"이 사나이는 돈 때문에 수학을 공부하고 있는 것이다."

라고 하며 노예를 시켜 돈을 주고 학교에서 추방해 버렸다.

또 한 가지는 어느날 그의 임금님이

"기하학을 공부하는 데에 기하학원론보다도 더 손쉬운 방법은 없는가?"

라고 물었을 때 유클리드는

"기하학에는 임금님을 위한 길(왕도)은 없습니다."

라고 대답하였다 한다.

유클리드의 증명

'소수가 무한히 있다'라는 것에 대한 유클리드의 증명은 자연수가 무한히 있다라는 것에 대한 증명과 같은 정도로 쉬운 사고방법에 따르고 있다. 그것은 다음의 사실을 기초로 하고 있다.

소수의 어떤 그룹이 있을 때 그들의 모든 소수를 서로 곱해서 1

을 더한다. 그 답은 물론 소수이거나 합성수의 어느 것이지만 만일 소수라면 그것은 처음의 그룹에 들어가 있지 않은 새로운 소수이고 만일 합성수라면 소수의 약수가 있지만 이것도 처음의 그룹에 들어가 있지 않은 새로운 소수이다.

실제로 몇 갠가의 소수를 임의로 선정하여 확인해 보면 위의 사실이 옳다는 것을 알 수 있지만 유클리드의 증명을 이해하려면 2, 3부터 시작하여 차례로 계속 이어지는 소수를 선정해서 위의 계산을 행하여 보면 좋다. 다음과 같은 식이다.

$$2\times3=6, \qquad\qquad 6+1=7 \quad 소수$$
$$2\times3\times5=30, \qquad\qquad 30+1=31 \quad 소수$$
$$2\times3\times5\times7=210, \qquad 210+1=211 \quad 소수$$

소수가 무한히 있다는 유클리드의 증명은 이 사실 바로 그것이다. 지금 '모든' 소수를 얻을 수 있었다고 가정해 보자. 그것들을 모두 서로 곱해서 1을 더하면 위에서 언급한 식으로 이 그룹에 포함되지 않는 새로운 소수를 얻을 수 있다(모든 소수의 곱에 1을 더하는 대신에 1을 빼도 된다.

$$2\times3=6, \qquad\qquad 6-1=5 \quad 소수$$
$$2\times3\times5=30, \qquad\qquad 30-1=29 \quad 소수$$
$$2\times3\times5\times7=210, \qquad 210-1=209 \quad 소수$$

이 209는 소수가 아니고 11과 19라는 소수의 약수를 가지고 있으나 이 어느쪽도 처음의 2, 3, 5, 7과는 별개의 새로운 소수이다). 따라서 '모든 소수를 얻을 수 있었다' 라는 가정은 잘못이고 얼마든지 새로운 소수를 만들 수 있어 소수는 무한히 있다는 것을 알았다.

소수가 무한히 있다면 합성수도 또 무한히 있다. 새로운 소수가 하나 발견되면 그것을 사용하여 그때까지의 소수만으로는 만들 수 없는 새로운 합성수를 만들 수 있기 때문이다.

어떤 소수의 집합에 새로운 소수가 하나 부가되면 그들로부터 만들어지는 합성수의 개수가 어느 정도 증가되는지 계산해 보자.

먼저 소수로서 2만을 잡으면 그것으로부터 만들어지는 합성수는 2의 거듭제곱뿐이다.

$$2 \times 2 = 4$$
$$2 \times 2 \times 2 = 8$$
$$2 \times 2 \times 2 \times 2 = 16$$
$$\cdots \qquad \cdots$$

이것들은 물론 무한히 있다.

그런데 새로운 소수 3을 부가시키면 어떻게 될까. 먼저 3의 거듭제곱인 합성수를 만들 수 있다.

$$3 \times 3 = 9$$
$$3 \times 3 \times 3 = 27$$
$$3 \times 3 \times 3 \times 3 = 81$$
$$\cdots \qquad \cdots$$

이것들도 물론 무한히 있다. 다음으로 앞에서 얻은 2의 거듭제곱에 3을 하나씩 곱해서 무한히 많은 합성수를 만들 수 있다.

$$2 \times 2 \times 3 = 12$$
$$2 \times 2 \times 2 \times 3 = 24$$
$$2 \times 2 \times 2 \times 2 \times 3 = 48$$
$$\cdots \qquad \cdots$$

3을 둘씩 곱해도 무한히 많은 합성수를 만들 수 있다.

$2\times2\times3\times3=36$

$2\times2\times2\times3\times3=72$

$2\times2\times2\times2\times3\times3=144$

　　　…　　　　　…

이하 마찬가지다.

이와 같이 하여 3이라는 소수를 부가시킴으로써 무한개의 합성수의 집합을 또 무한개로 만들 수 있다.

말로 표현하면 이 정도의 것이지만 이 무한의 정도가 도대체 어떠한 것인지를 실감하는 것은 어려울지도 모른다.

소수 사막

소수의 개수와 합성수의 개수와를 비교하면 어떻게 되어 있는 것일까.

소수는 먼저 2, 3부터 시작하지만 13까지 가면 소수와 합성수는 어느쪽도 6개씩 된다. 거기를 지나면 소수의 개수는 합성수의 개수에게 추월을 당하여 이하 차이는 점점 벌어진다. 합성수는 점점 조밀해지는 데에 반해서 소수는 점점 드물어진다. 더구나 바로 뒤에 설명하는 것처럼 자연수의 무한열 속에는 100만에서도 10억에서도 1조에서도 바라는 만큼의 길이의 연속된 합성수를 포함하고 그 사이에 소수가 하나도 들어가 있지 않은 구간이 있다. 세련된 말을 사용하면 이것은 '소수 사막'이라고도 부를 수 있는 것이고 이러한 사막이 있는 것은 거기까지 탐험대를 파견하지 않아도 다음과 같이 생각하면 바로 알 수 있다.

‘얼마든지 바라는 만큼 많은’ 이라는 말은 수의 이론에서는 언제나 즐겨 사용하는 표현이다. 이것은 조금 젠체하는 의미가 있는 듯한 말처럼 생각될지도 모르나 결코 그렇지는 않다. 그러면 ‘바라는 만큼의 길이의’ 소수 사막이 있다는 것을 나타내어 보이자. 이야기를 간단히 하기 위해 5개의 합성수가 연달아 나타나는 장소를 찾아보자. 먼저 1부터 6까지(즉 5개보다 하나 많다)의 자연수를 서로 곱하면 720이다. 그렇게 하면

   722, 723, 724, 725, 726

은 합성수가 된다(이 예에서는 720의 다음의 수 721도 합성수이지만 일반적으로는 이것은 제외하는 편이 안전하다).

어째서일까. 먼저 720을 만드는 인수 속에 2가 있는 것이니까 720은 2로 나누어 떨어진다. 따라서 $722 = 720 + 2$도 2로 나누어 떨어지고 합성수이다. 마찬가지로 생각해서 723은 3으로, 724는 4로, 725는 5로, 726은 6으로 나누어 떨어진다는 것을 알 수 있으므로 이것들은 모두 합성수이다. 이와 같이 하여 연속된 5개의 합성수가 발견되었다. 마찬가지로 하여 5 대신에 100만을 취해도 연속된 100만 개의 합성수를 찾아낼 수 있는 것이다. 그러나 어떤 수로부터 앞은 모두 합성수뿐이라는 일은 결코 없다.

이러한 까닭으로 ‘거의 모든’ 수는 합성수이지만 소수도 무한히 있다.

‘얼마든지 바라는 만큼 많은’ 연속된 합성수가 존재한다는 것은 증명되었지만 5와 7, 11과 13과 같이 그 사이에 합성수가 하나밖에 없는 2개의 소수의 조가 나타나지 않을 것 같은 점이 있는지 어떤지 하는 것은 아직 증명이 되어 있지 않다. 이러한 쌍자소수

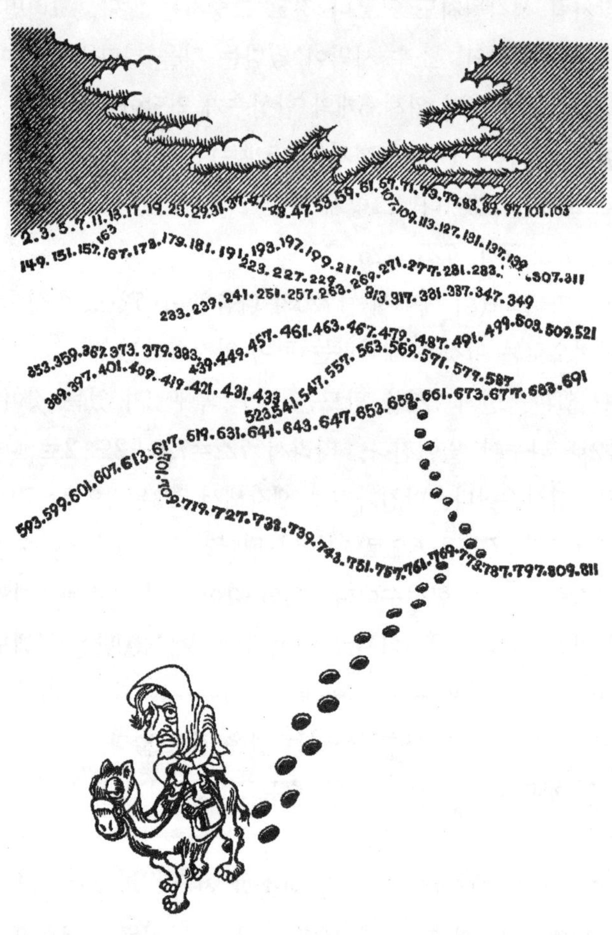

소수 사막

로 현재 알려져 있는 최대의 것은 $1,000,000,009,649$와 $1,000,000,009,651$이다. 특히 2와 3은 단지 1조의 서로 인접한 소수이고 샴 쌍생아(허리가 붙은 쌍생아)라 부르는 일이 있다.

어떤 수가 소수인지 합성수인지를 결정하는 것은 일반적으로 매우 어렵다. 그렇지만 합성수를 '만들어 낸다'는 것은 매우 쉽다. 임의로 몇 갠가의 소수를 선정해서 그것들을 서로 곱하면 된다. 소수에 대해서는 이렇게는 되지 않는다. 언제나 반드시 소수를 나타내는 수의 타입을 발견한 사람은 아직 한 사람도 없다. 언제나 소수를 만들어내는 멋진 공식을 만들려고 이제까지 대단히 많은 사람이 노력해 왔지만 성공한 사람은 없다.

에라토스테네스의 체

그러면 입장을 바꿔서 어떤 수가 소수인지 아닌지는 어떻게 해서 알 수 있는가.

이것은 수론의 많은 문제 중에서 조금 간단한 것 같이 보이는 문제의 하나이다. 소수인지 아닌지를 테스트하는 일반적인 방법이라 하면 그것은 소수의 정의로 되돌아가는 수밖에 없다. 즉 어떤 수가 약수를 가지면 그것은 소수가 아니다. 조금 상세하게 말하면 주어진 수의 제곱근보다도 작은 소수로 차례차례 나누어 보아 그 어느 것이라도 나누어 떨어지지 않으면 주어진 수는 소수라는 것을 알 수 있다(만일 주어진 수 A의 모든 소인수가 A의 제곱근보다 크다고 하면 그들의 곱은 A보다 커져 버린다. 그래서 A가 합성수일 때 A의 소인수 속에는 A의 제곱근보다 작은 것이 적어도 하나 있다). 97을 예로 들어보면 97의 제곱근은 $9.8\cdots$이므

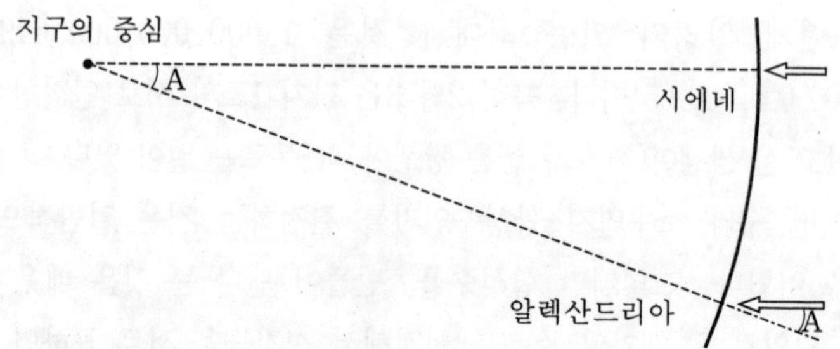

지구의 크기를 계산한 에라토스테네스 (B.C. 275~194)

지구는 구상(球狀)이라고 생각하고 다음과 같은 방법으로 처음으로 지구의 크기를 계산했다.

하지(夏至)날의 정오에는 태양은 시에네에서는 머리의 바로 위에 있고 같은 때 알렉산드리아에서 태양은 머리 위에서 약 $7°30'$만큼 기울고 있었다. 이 두 지점은 거의 같은 자오선(子午線) 위에 있다. 그래서 지구의 중심과 이루는 각 A도 $7°30'$이다. 에라토스테네스는 이 두 지점 사이의 거리가 지금의 단위로 약 840km라는 것을 알고 지구의 둘레는

$$840 \times \frac{360}{7.5}\,\text{km}$$

라고 계산했다. 이것은 현재의 값과 매우 가깝다.

에라토스테네스는 큐레네 태생이고 알렉산드리아 도서관의 비서를 지냈다. 본문에 언급한 에라토스테네스의 체 이외에 지리학자로서 세계 지도를 만들었다. 만년에는 맹인이었다고 한다.

로 2, 3, 5, 7의 4개의 소수로 시험해 보면 된다. 이 어느 것으로도 나누어 떨어지지 않았다면 97은 소수라는 것을 알 수 있다.

이 테스트와 같은 사고방식에 따른 것으로서 에라토스테네스의 체라고 불리는 방법이 있다. 에라토스테네스는 기원전 275~194년경의 수학자이고 그 당시로서는 놀랄 정도의 정밀도로 지구의 크기를 구한 사람으로 알려져 있다. 이 방법은 소수와 합성수를 가려내는 최초의 시도이고 현재의 '소수 및 소인수의 표'의 대부

오스트리아에서 200년 전에 만든 소수표는 전혀 팔리지 않았고 때마침 전쟁이 시
작되었기 때문에 탄약 포장지로서 사용되는 상황이었다

분은 이 방법이나 이것을 개량한 방법을 사용해서 만들어진 것이다(이 종류의 표를 만드는 것은 매우 노력이 드는 것에 비해서 보답되지 않는 작업이다. 1776년에 오스트리아 정부가 국비로 만든 소수표는 조금도 팔리지 않았기 때문에 마침내 몰수되어 터키와의 전쟁 때의 탄약 포장지로서 사용돼 버렸다는 것이다).

에라토스테네스의 방법을 사용해서 100까지의 소수를 구해 보자. 1에서 100까지의 수를 말끔히 적어 배열해 두고 먼저 2 뒤의 2의 배수를 모두 지운다. 다음으로 3 뒤의 3의 배수를 모두 지운다. 이것을 계속해 가면 남은 수는 모두 100이하의 소수이다.

$$\times 2\,3 \times 5 \times 7 \times \times \times 11 \times 13 \times \times \times 17 \times 19 \times \times \times 23 \times \times \times \times \times 29$$
$$\times 31 \times \times \times \times \times 37 \times \times \times 41 \times 43 \times \times \times 47 \times \times \times \times \times 53 \times \times \times$$
$$\times \times 59 \times 61 \times \times \times \times \times 67 \times \times \times 71 \times 73 \times \times \times \times \times 79 \times \times \times 83$$
$$\times \times \times \times 89 \times \times \times \times \times \times \times 97 \times \times \times$$

윌슨의 정리

어떤 수보다 작은 모든 소수를 구하는 데에 편리한 이 체의 방법이나 소수로 차례로 나누어 본다는 매우 노력이 드는 방법 이외에 매우 일반적으로 사용할 수 있는 방법이 있다. 이것은 윌슨(1741~1793)이 발견한 것이지만 그는 법률가가 되기 위해 수학을 단념한 사람이다. 그의 선생인 워링이 말하는 바에 따르면 윌슨은 케임브리지 대학의 학생 때에 이 정리를 발견했다고 한다.

윌슨의 정리 : n이 1보다도 클 때 n이 소수라면$(n-1)!+1$은 n으로 나누어 떨어진다. 역으로 $(n-1)!+1$이 n으로 나누어 떨어지면 n은 소수이다.

그는 아마 많은 수에 대해서 계산을 해보고 이 정리를 추측하였을 것이다. 증명은 하지 않았던 것 같다. 오늘날에는 라이프니츠가 이미 이 같은 정리를 알고 있었다(그러나 발표는 하지 않았다)는 것을 알고 있다. 윌슨의 뒤에 많은 유명한 수학자가 이 정리를 증명하였으나 지금도 이것을 최초에 발표한 젊은 학생의 이름으로 부르고 있는 것이다. 이 정리가 증명되었을 때에는 그는 이미 재판관이 되어 있었다. 윌슨이 이 정리의 예상 이외에 수학에 공헌한 일이 있었는지도 모르지만 그것에 대해서는 아무런 기록도 남아 있지 않으므로 알 수 없다. 윌슨의 정리는 매우 아름답고 또한 완전히 일반적인 정리이다. 이것은 어떠한 수에 대해서도 사용할 수 있고 이 테스트에 통과한 수는 반드시 소수이다. 실제 문제로서는 윌슨의 테스트보다 쓸모있는 테스트가 몇 개 있지만 이만큼의 일반성을 갖는 것은 이것밖에는 없다.

윌슨의 정리를 사용해서 n의 소수성을 테스트하면 먼저 $(n-1)!$을 계산할 필요가 있다. $(n-1)!$이라는 기호는 $n-1$을 넘지 않는 모든 양의 정수를 서로 곱한 적(積, 값)을 나타내고 $n-1$의 계승(階乘)이라 부르고 있다.

감탄부호 !는 계승을 보여주는 수학적 기호이다. 계승은 순열이나 조합을 계산하는 공식에 흔히 나타난다. 예컨대 $n!$은 n개의 상이한 것의 모든 배열방법의 수와 같다. 알파벳 26문자 전부를 1회씩 사용해서 여러 가지를 바꿔 배열하였을 때 그 배열방법의 총수는 $26!(=1 \times 2 \times 3 \times \cdots\cdots \times 26) \fallingdotseq 4.0329 \times 10^{26}$이다.

지금 예컨대 7이 소수인지 어떤지를 조사하고 싶다고 하자. 먼저 $(7-1)!$을 계산한다. 이것은 $1 \times 2 \times 3 \times 4 \times 5 \times 6 = 720$이다. 윌

슨의 정리에 따르면 $(7-1)!+1=721$이 7로 나누어 떨어질 때 그리고 그때만은 소수이다. 그런데 721은 정확히 7로 나누어 떨어진다. 그래서 7은 소수라는 것을 알 수 있다.

루카스의 방법

윌슨의 정리의 특징은 그것이 실제로 쓸모가 있다는 것보다도 수학적으로 아름다운 형태를 하고 있다는 점에 있다. 만일 이 정리를 실제로 사용해 보려고 생각하여 계산을 시작하면 금방 막다르게 되어 버릴 것이다. 계승이 급격히 큰수가 된다는 것 이외에 시험하려고 하는 계산이 굉장히 많아진다는 것이다.

$$170,141,183,460,469,231,731,687,303,715,884,105,727$$

이 수가 소수인지 아닌지는 이 수로

$$170,141,183,460,469,231,731,687,303,715,884,105,726!+1$$

이 나누어 떨어지는지 어떤지를 보면 안다는 것은 매우 멋진 결과이지만, 그러나 실생활에 도움이 되는 것에 그다지 가치를 두고 있지 않는 정수론에 있어서조차도 이것이 매우 유효한 판정방법이라고는 도저히 말할 수 없다.

위에서 거론한 굉장히 큰 수는 사실은 소수이지만 이러한 것은 윌슨의 정리와는 전혀 별개의 방법으로 발견된 것이었다. 루카스(1842~1891)가 1876년에 발견한 이 방법도 생각할 수 있는 모든 약수의 후보자로 차례차례 나누어 가지 않아도 된다는 점에서는 윌슨의 방법과 같은 종류의 것이다. 따라서 어떤 수가 소수가 아니라는 것을 알았다 해도 그 약수가 몇 개인지는 모른다.

지금 $2^n-1(n>2)$의 형태의 수 N을 잡는다. 다른 한편

(A) 4, $4^2-2=14$, $14^2-2=194$, $194^2-2=37634$, …라는 수열 (A)를 생각한다. 이때 N이 (A)의 $(n-1)$번째의 수를 나머지 없이 나눌 때, 그리고 그때만 N은 소수이다.

이것이 루카스의 방법이다. 몇 가지 시험해 보자. 7은 2^3-1이므로 $n=3$, 수열 (A)의 2번째의 항은 14, 이것은 7로 나누어 떨어진다. 따라서 7은 소수이다.

$15=2^4-1$은 어떠할까. (A)의 3번째의 수 194는 15로 나누어 떨어지지 않는다. 따라서 15는 소수가 아니다.

그 다음의 $31=2^5-1$는 (A)의 4번째의 수 37634를 나머지 없이 나누므로 소수이다(그 이후의 것은 독자가 시험해 보면 된다).

이 방법은 윌슨의 방법보다도 훨씬 간단하지만 이 방법에서조차도 $2^{127}-1$과 같이 큰 수를 조사하는 것은 용이하지 않다.

$$170, 141, 183, 460, 469, 231, 731, 687, 303, 715, 884, 105, 727$$

로 수열 (A)의 제 126번째의 항을 나누어 보지 않으면 안되기 때문이다. 이러한 큰 수에 대해서는 루카스는 간편법을 생각하였다. (A)의 각 항을 제곱하여 다음의 수를 만드는 대신에 그 수를 N으로 나눈 나머지를 제곱해서 다음의 수를 만들면 된다는 것을 발견한 것이다. 루카스는 이 새로운 방법을 발표함과 동시에 이 방법으로 실제로 $2^{127}-1$을 테스트한 후 그것이 소수라는 것을 결정하였다.

소수와 컴퓨터

전자계산기를 사용하는 경우에는 이 방법은 특히 편리하다. 1952년에 $2^{2281}-1$로 표현되는 수가 소수라는 것을 결정한 것은 이 방법을 사용한 것이다. 이 수는 현재까지 알려져 있는 최대의 소수이고 그것을 2진법으로 적으면 2281개의 1이 늘어선다. 전자계산기 SWAC는 이 형태로 다루었다[저자주—내가 이 장을 다 쓰고 난 다음 지리스가 일리노이 대학의 전자계산기 ILLIAC를 사용하여 $2^{11213}-1$이 소수라는 것을 결정하였다].

큰 수를 실감하는 데에 흔히 사용되는 비교를 제안해 보면 $2^{2281}-1$로 표현되는 수는 매우 크기 때문에 우주를 채우고 있는 모든 전자(電子)의 총수를 가지고 와도 도저히 비교가 안된다. 우주의 전자의 총수의 제곱(즉 각 전자 그 자신이 또 전자의 우주이다)으로조차도 그것과 비교할 수 있을 정도의 소수는 $2^{521}-1$에 불과하다.

$2^{2281}-1$이 그렇게 굉장히 큰 수인데도 그것이 1과 그 자신 이외에 약수가 없다는 것을 듣고 조금도 스릴을 느끼지 않는 사람은 거의 없을 것이다. 그러나 높은 산을 보아도 올라가 보려고 하는 기분이 전혀 나지 않는 사람이 있는 것과 마찬가지로 큰 수를 보고도 그것이 소수인지 합성수인지라는 것에는 거의 관심을 보이지 않는 사람도 많다. 큰 수가 소수인지 어떤지를 조사해 보려고 하는 기분이 생기게 하는 것은 매우 힘이 드는 등산 계획에 참여하게 하는 충동과 비슷한 것이 있음에 틀림없다. 어떤 유명한 등산가가 어째서 그렇게 높은 산에 오르는가라고 질문을 받았을 때의 대답인 '거기에는 산이 있기 때문이다'와 마찬가지로 대답할 수밖에는 없을 것이다.

수론의 재미

그러나 옛날부터 어떤 수가 소수인지 아닌지라는 것에 비상한 관심을 가진 사람이 많이 있었다는 것은 수론의 역사에 있어서 매우 다행한 일이었다. 소수에 관해서 현재 알려져 있는 일반적인 사실의 대부분은 개개의 소수에 대한 막대한 계산으로부터 시사(示唆)된 것이다. 그러나 어떤 특별한 산에 오르는 것보다도 산에 대해서 무언가의 발견을 하는 편이 훨씬 재미있음에 틀림없다. 이것과 마찬가지로 어떤 특별한 수가 소수인지 아닌지를 테스트하는 것보다도 어떠한 큰 수라도 판정할 수 있는 일반적이고 효과적인 테스트를 고안해 내는 편이 훨씬 재미있다. 언제나 소수를 창출하는 식이 있다고 한다면 이 식 자신 또는 그것이 창출하는 소수 자신 보다도 그러한 식이 존재한다고 하는 사실 바로 그쪽이 훨씬 흥미있는 것이다. 이것과 마찬가지로 $2^{2281}-1$이라는 수가 우연히 소수였다는 사실보다도 훨씬 흥미있는 것은

최후의 소수는 존재하지 않는다

라는 정리이다(더욱이 이 정리는 큰 소수를 나타내는 식을 누구도 발견할 수 없었던 시대에 이미 증명된 것이다).

어떤 저명한 수학자가

"내가 소수의 이론에 대해서 느낀 정도의 흥미는 이제까지 누구도 또한 어떠한 것에 대해서도 가진 일이 없다고 생각한다."

라고 말했다는 것을 이 장의 시작에서 언급하였지만 이 수학자가 소수라고 말한 것은 개개의 소수를 말하는 것이 아니고 무한집합으로서의 소수 전체를 말하는 것이다.

3의 거듭제곱에 대하여

무게가 3의 잇달은 거듭제곱의 3개의 분동(1g과 3g과 9g)을 사용하여 그것들을 천칭(天秤)의 한쪽 또는 양쪽에 실어서 어떤 물건의 무게를 측정하려고 생각한다. 다음과 같이 하면 1g에서 13g까지의 1g마다의 임의의 무게를 측정할 수 있다. 여기서 □는 측정하려고 하는 물건의 무게를 나타내고 ○은 분동의 무게를 나타내고 있다.

좌측	우측
1	①
2 ①	③
3	③
4	③ ①
5 ① ③	⑨
6 ③	⑨
7 ③	⑨ ①
8 ①	⑨
9	⑨
10	⑨ ①
11 ①	⑨ ③
12	⑨ ③
13	⑨ ③ ①

그러면 문제는 다음과 같다.

1. 3의 거듭제곱의 4개(1g, 3g, 9g, 27g)의 분동을 사용하면 몇 g까지 측정할 수 있는가?

2. 3의 거듭제곱의 5개(1g, 3g, 9g, 27g, 81g)의 분동을 사용하면 몇 g까지 측정할 수 있는가?

3. 이상의 결과를 기초로 하여 3의 거듭제곱의 n개의 분동을 사용하면 몇 g까지 측정할 수 있는가를 연구해 보기 바란다.

(답은 222페이지에 있다)

4의 이야기

1, 3, 5,…로 이어지는 홀수를 차례로 더해 가면 어디서 잘라도 답은 제곱수가 된다. 4는 최초의 완전 제곱수이고 피타고라스의 정리도 이 제곱관계를 이용하고 있다. 갈릴레오나 페르마가 흥미를 갖고 연구한 이 제곱수는 어떠한 재미있는 성질이 있는 것일까?

최초의 완전제곱수

2 곱하기 2는 4이다. 이러한 것은 누구라도 알고 있는 것이지만 이러한 것이야말로 4라는 수에 대한 가장 흥미있는 특징의 하나이다. 어떤 수의 제곱으로 되어 있는 수를 완전제곱수 또는 간단히 제곱수라 부르고 있지만 0이나 1과 같은 자명한 경우를 별개로 하면 4는 최초의 완전제곱수 즉 $4=2^2$이다.

4라는 수의 대칭성에 대해서는 옛날부터 대단한 관심을 갖고 있었던 것 같아서 지금도 사용되고 있는 것으로서는 사방(四方)으로부터 불어오는 바람, 사원소(四元素), 동서남북의 사방향(四方向) 등 우리들이 살고 있는 지구와 관련된 말이 있다. 이것들은 지구가 사각이라고 생각되고 있었던 시대의 여운이라고 생각되지만 지구가 둥글다는 것을 알게 된 현재도 널리 사용되고 있다.

제곱수(또는 정사각형수)라는 말은 기하학자의 눈으로 수를 보고 있었던 그리스 시대의 유산이다. 작은 돌을 여러 가지의 형태로 배열하여 그 개수를 연구하는 것은 초기의 피타고라스 학파로부터 시작된다. 사람의 형태나 동물의 형태 등 여러 가지의 형태로 작은 돌을 배열하여 각각의 개수를 나타내는 수에 그 형태의 이름을 붙였다. 몇 갠가의 작은 돌을 지면에 정사각형의 형태로 배열할 수 있을 때 그리스인은 이 작은 돌들의 개수를 나타내는 수를 제곱수라고 불렀다. 그리스인은 먼저 제곱수와 어떤 종류의 수와의 사이에는 여러 가지 관계가 있다는 것을 알았다. 예컨대, 1, 3, 5,…로 계속되는 홀수를 차례차례 더해 가면 어디서 잘라도 그 답은 언제나 제곱수가 된다.

$$1=1^2$$
$$1+3=2^2$$
$$1+3+5=3^2$$
$$1+3+5+7=4^2$$

이라는 식이다. 역으로 어떠한 제곱수도 이와 같이 잇달은 홀수의 합으로서 나타낼 수 있다. 예컨대

$$5^2=25=1+3+5+7+9$$

로 나타낼 수 있다(그 이치는 다음 그림을 보면 쉽게 알 수 있을 것이다) .

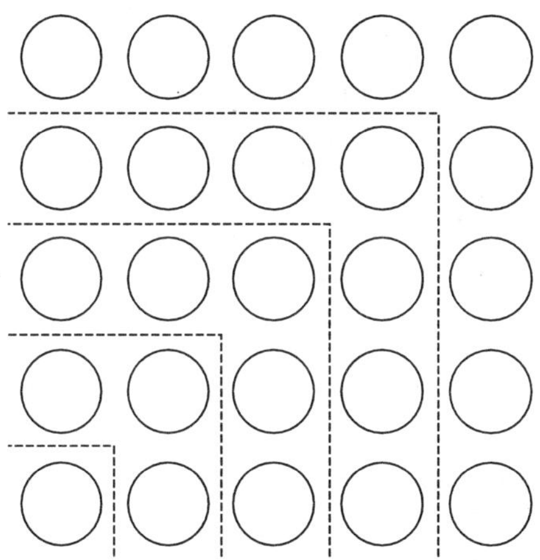

　　작은 돌을 사각형으로 배열하여 제곱수를 기하학적으로 나타내는 대신에 어떤 수의 제곱(N^2) 형태로 나타낸 지 오래지만 시각적인 그리스인이 붙인 이름만은 남아 있다. 위에서 언급한
　　'제곱수는 언제나 연속된 홀수의 합으로서 나타낼 수가 있다'

라는 관계는 그리스 이래 줄곧 계속해서 관심을 가졌다 할 만큼의 것은 아니다. 조금은 재미있지만 누구라도 알 수 있는 것이고 또한 바로 증명할 수 있다.

그렇다고 해서 관계가 복잡하든가 증명이 어렵다는 것만이 수학적인 흥미의 기준이 되는 것은 아니다. 누구라도 바로 이해할 수 있는 것이면서 수학적으로는 대단한 의미가 깊은 것이 있다. 이제부터 그 이야기를 하려고 생각한다.

갈릴레오의 착안

어떤 자연수도 하나씩 제곱수를 갖고 있다. 그 수와 자신과의 곱을 대응시키면 된다.

$$
\begin{array}{ccc}
1 & \to & 1 \\
2 & \to & 4 \\
\vdots & \to & \vdots \\
10 & \to & 100 \\
\vdots & \to & \vdots \\
100 & \to & 10000
\end{array}
$$

자연수가 무한히 있는 것이므로 제곱수도 무한히 있다. 이러한 것은 그리스인도 알고 있었다. 소수가 무한히 있다는 것조차 증명한 것이니까 그것에 비하면 훨씬 명백할 것이다. 그러나 갈릴레오 (1564~1642)의 시대까지 '자연수도 제곱수도 어느쪽도 무한히 있다' 라는 간단한 사실의 이면에 숨어 있는 깊은 의미를 알아차린 사람은 아무도 없었다.

　브리태니카 백과사전에는 갈릴레오를 천문학자, 실험적 철학자로 설명하고 있고 일반 사람들도 그렇게 생각하고 있으나 실제로 그는 수학 교수였다. 자연수의 열(列)도 제곱수의 열도 어느쪽도 끝없이 계속된다는 것으로부터 갈릴레오는 어떤 것에 생각이 떠오른 것인데 이것이야말로 그가 죽은 뒤 200년 후에 발전하기 시작한 무한론의 기초를 이루는 것이었다. 다음의 표를 잘 조사해 보면 독자도 그 힌트를 얻을 수 있을지도 모른다.

$$
\begin{array}{ccc}
0 & 0^2 & 0 \\
1 & 1^2 & 1 \\
2 & 2^2 & 4 \\
3 & 3^2 & 9 \\
4 & 4^2 & 16 \\
\vdots & \vdots & \vdots
\end{array}
$$

　갈릴레오가 우선 주목한 것은
'자연수를 사용하여 제곱수를 셀 수 있다'
라고 하는 것이다. 0번째의 제곱수는 0, 1번째의 제곱수는 1, 2번째의 제곱수는 4, 3번째의 제곱수는 9, …라는 식이다. 세는 데에 사용하는 자연수와 셀 수 있는 제곱수와의 차이는 앞으로 나아감에 따라 점점 벌어져서 10번째의 제곱수는 100, 100번째의 제곱수는 10000이다. 그러나 여기서 중요한 것은 셀 수 있는 제곱수가 다 세어져서 끝난다는 일이 결코 일어나지 않는다는 점에 있다. 어떠한 큰 자연수에도 반드시 하나의 제곱수가 대응하고 있다. 한 마리의 새의 2개의 날개의 집합과 두 마리의 늑대의 집합과의 사이에 1대 1의 대응을 붙이는 것으로부터 수에 대한 인식이 생겼다고 하는 것은 25페이지에서 설명하였지만 이것과 같은 식으로 자연수 전체의 집합과 제곱수 전체의 집합과의 사이에 1 대 1의 대응을 붙일 수 있다.

약간의 차이는 있다. 날개의 집합도 늑대의 집합도 어느쪽도 유한이지만 자연수의 집합과 제곱수의 집합은 어느쪽도 무한이다. 더구나

$\boxed{0}$, $\boxed{1}$ 2, 3, $\boxed{4}$, 5, 6, 7, 8, $\boxed{9}$, 10, 11, 12, 13, 14, 15, $\boxed{16}$, 17, 18, 19, …

와 같이 제곱수의 분포는 앞으로 나아감에 따라 점점 성글어져 가는 것이기 때문에 제곱수보다도 자연수 쪽이 압도적으로 많은 것처럼 생각된다(게다가 1대 1의 대응이 붙여진다!).

갈릴레오는 이 불가사의한 모순을 어떻게 생각한 것일까. 그가 쓴 『신과학 대화』를 읽어 보자. 이제까지 설명한 것, 즉 제곱수와 자연수가 정확히 1 대 1로 대응하는 것을 설명한 뒤에 살비아티에게 다음과 같이 이야기를 시키고 있다.

"나에게는 모든 수(자연수)의 총수는 무한이고 제곱수의 수도 무한이며 그 근의 수도 무한이고 제곱수의 수가 모든 수의 총체보다도 적다고 하는 것도 또 후자가 전자보다 많다고 하는 것도 없이 마지막으로 '똑같다', '많다', '적다' 라고 하는 속성(屬性)은 단지 유한량(有限量)에만 있고 무한량(無限量)에는 없다고 밖에는 말할 수 없다."

갈릴레오의 이 결론은 현대수학에 있어서의 가장 중요한 정의의 선구이어서 제곱수와 자연수 사이의 관계에 대해서 갈릴레오가

발견한 것을 기초로 해서 현대에서는 다음과 같이 말한다.

'그 일부분과 1 대 1의 대응을 붙일 수 있는 집합을 **무한집합이**
라 부른다'

이 정의는 자연수의 집합이 무한이다라는 것뿐 아니고 제곱수
의 집합이 무한이다라는 것에 대해서도 들어 맞는다. 지금 제곱수
를 홀수와 짝수의 두 그룹으로 나누어 보면 그 어느쪽의 부분집합
도 다음과 같이 하여 제곱수 전체와 1 대 1로 대응시킬 수 있음을
알 수 있다.

짝제곱수	홀제곱수	제곱수
0	1	0
4	9	1
16	25	4
36	49	9
64	81	16
⋮	⋮	⋮

제곱수도 홀제곱수도 짝제곱수도 결코 바닥이 나는 일이 없다.
그래서 위의 정의에 따라서 제곱수의 집합은 무한임을 알았다(이
에 관련된 이야기는 뒤의 장에서 상세히 한다).

정수해를 구하라

그런데 제곱수에 끝이 없는 것과 마찬가지로 제곱수에 관한 문
제도 또 끝이 없다. 물론 '제곱수에 관한 문제의 집합'이 무한집
합이라는 의미는 아니지만 오랫동안에 걸쳐서 수학자의 마음을 사

로잡아 왔고 장래에도 계속 사로잡을 것으로 생각되는 문제가 많이 있다. 예컨대 수학 중에서도 아마도 가장 잘 알려져 있는 것으로 다음의 정리가 있다.

'직각삼각형의 빗변의 제곱은 그 밖의 두 변의 제곱의 합과 같다'

잘 알려져 있는 것처럼 이 피타고라스의 정리는 기원전 500년경 피타고라스 또는 그 제자들에 의해서 발견되고 증명되었다. 수에 대한 기타의 정리와 마찬가지로 그리스인은 이것을 기하학적으로 언급하였던 것인데 이것으로부터 다음과 같은 재미있는 문제가 탄생하였다.

'방정식

$$a^2+b^2=c^2$$

을 만족하는 정수의 풀이를 구하라'

이 하나의 풀이는 옛날부터 알려져 있었다. 이집트인은 피라밋을 건설할 때에 로프에 3단위·4단위·5단위의 길이의 표식을 하여 이것을 구부려서 직각삼각형을 만들어 측량을 하였다는 것이다.

이 방정식의 모든 풀이를 구하는 것은 어려운 것은 아니고 피타고라스 학파의 사람들도 알고 있었던 것 같다. 그러나 직각삼각형에 대한 문제는 결코 이것으로 끝이라는 것은 아니고 그 후 몇 세기에 걸쳐서 많은 문제가 피타고라스 삼각형(각 변의 길이가 정수인 직각삼각형)으로부터 탄생하였다. 피타고라스로부터 약 7세기 후의 알렉산드리아의 디오판토스가 쓴 작은 책 속에 제곱수나 더 높은 거듭제곱수의 수에 대한 이 종류의 많은 문제가 실려 있

이집트인이 측량을 하고 있는 장면

이집트인은 세 변의 길이가 3, 4, 5인 삼각형은 직각삼각형이라는 것을 알고 그림 처럼 같은 간격으로 매듭을 만든 로프를 사용해서 직각을 만들어 이것으로 측량하였 다 한다.

고 디오판토스의 이름은 제곱수와 영원히 결부되고 있다.

무덤에 새겨진 문제

디오판토스는 그리스인이지만 대수학에 비상한 관심을 갖고 있었다는 점에서는 그리스인답지 않다. 그의 생애에 대해서는 거의 알려져 있지 않고 살고 있었던 시대조차도 같은 시대라고 생각되는 사람들의 저작 속에 이름이 나타난다는 것으로 추측되고 있을 뿐이다. 묘석(墓石)에는 다음의 문제가 새겨져 있고 그의 개인적 생애에 대해서 알 수 있는 것은 이것뿐이다.

"보라! 여기에 디오판토스의 일생의 기록이 있다. 일생의 6분의 1은 청년이었다. 12분의 1보다 뒤에 수염이 나고 거듭 7분의 1이 지나서 결혼하였다. 5년이 지나서 사내 아이가 태어났지만 이 아들은 아버지의 절반밖에 살 수 없었다. 그리고 아들이 죽은 뒤 4년 지나서 그는 죽었다. 이상으로부터 그가 몇 살까지 살았는가를 구하라."

그가 죽었을 때의 연령을 x라 하면 다음의 방정식이 성립한다.

$$\frac{x}{6}+\frac{x}{12}+\frac{x}{7}+5+\frac{x}{2}+4=x$$

독자는 이 x를 계산해 보면 된다.

(답은 223페이지에 있다)

현재 디오판토스의 문제라 불리고 있는 것은 이 타입의 문제를 말하는 것은 아니다. 미지수 x가 하나뿐으로 지나치게 간단하다. 진짜 디오판토스의 문제라고 하는 것은 92페이지에 설명한 피타고라스 삼각형의 문제 $a^2+b^2=c^2$과 같이 미지수가 2개 이상인 방정식의 정수해를 구하는 문제를 말한다.

보라!
여기에 디오판토스의 일생의 기록이 있다.
일생의 6분의 1은 청년이었다. 12분의 1 보
다 뒤에 수염이 나고 거듭 7분의 1이 지나서
결혼하였
다. 5년이
지나서 사
내아이가
태어났지
만 ……
………
………

디오판토스의 무덤

디오판토스는 제곱수에는 특히 흥미를 갖고 있었던 것 같아 그의 저서 『산술』의 제2권에 다음의 문제를 들고 있다. 이것은 피타고라스 삼각형의 문제의 변형과 같은 것이지만 이것부터 증명이 매우 어려워 현재도 아직 증명되어 있지 않은 문제가 만들어졌다는 점에서 수학사 중에서도 유명한 문제의 하나이다.

주어진 제곱수를 2개의 제곱수의 합으로 분할하라.

이것은 다음과 같이 말해도 마찬가지다.

직각삼각형의 빗변의 제곱이 주어졌을 때 그 밖의 두 변의 제곱을 구하라(물론 변의 길이는 정수로 한다).

변호사 페르마의 문제

페르마(1601~1665)가 디오판토스의 『산술』의 카피를 입수한 것은 30세 때였다. 그는 그때에는 변호사를 개업하고 있어 매우 번성하였고 그때까치는 단지 아마추어로서 수론에 흥미를 가지고 있었을 뿐이었다. 게다가 30세는 전문적인 연구를 시작하는 데는 조금 늦다. 수학상의 큰 업적은 대(大)수학자가 아주 젊었을 때에 이룩한 것이 대부분이다. 시인에도 불멸의 작품을 남기면서 젊어서 이 세상을 떠난 천재가 많다. 말로는 21세에, 셸리는 30세에, 키츠는 26세에 죽었다. 그러나 이들보다도 젊어서 죽은 대수학자가 있다. 갈루아가 결투로 죽은 것은 20세 때였고 아벨이 노르웨이에서 빈곤 속에서 죽은 것은 27세 때였다. 그리고 이 두 사람 모두 수학의 역사에 불멸의 이름을 남기는 작업을 하였다.

아주 오래 산 수학자도 그 최량(最良)의 작업을 한 것은 젊었을 때였던 것이 많다. 오늘날에도 '수학의 제왕'이라 불리고 있는

페르마(1601~1655)

프랑스 토울즈의 가죽 상인의 아들로 태어나서 법률을 공부하고 변호사, 지방의회 의원이 된다. 여가를 이용해 수학을 연구하고 결과는 편지의 형식으로 친구나 동료에게 알렸다. 본문 중에서 상세히 설명한 '페르마의 대정리'를 비롯하여 많은 수론에 대한 업적을 올렸다. 또 광학에 대한 페르마의 원리—빛은 최단 거리를 지나서 진행한다—도 잘 알려져 있다.

위대한 가우스는 78세까지 살았으나 그 주된 저서의 하나라고 생각되는 『정수론』을 쓴 것은 18세에서 21세의 사이였다. 아무튼 갈루아나 아벨이 이 세상을 떠난 연령, 가우스가 그 주된 저서를 완성한 연령은 페르마가 처음으로 디오판토스의 책을 입수한 연령보다도 훨씬 젊었다.

페르마는 수론에 대한 깊은 연구를 시작한 최초의 사람이라고 일컬어지고 있으나 그의 전공은 법률이고 수학은 아마추어에 불과하다. 그러나 쿨리지는 『위대한 아마추어 수학자들』이라는 책 속에서 '페르마는 매우 훌륭한 연구를 남겼기 때문에 전문가라고 부를만한 가치가 있다'라고 하여 그 책에서 제외시키고 있다.

페르마는 바쁜 변호사의 일을 하는 틈틈이 디오판토스의 오래된 문제를 연구했다. 하나의 풀이를 구하면 그것으로 됐다라고 하는 것이 보통인데 페르마는 모든 풀이를 결정하는 공식을 구하여 그것을 증명하려고 생각하였다. 그리고 이 문제의 연구로부터 수의 사이의 예기하지 못했던 깊은 관계를 언급하는 정리가 탄생한 것이었다.

수학자로서는 페르마는 조금 '특이체질'적인 부분이 있다. 연구의 결과는 친한 친구에게 편지로 알리거나 디오판토스의 책의 여백에 적어 넣거나 한 것뿐이고 게다가 증명은 거의 적고 있지 않다. 아마 특별한 이유는 없을 것이다. 많은 수학자의 기분과 마찬가지로 증명된 결과보다도 증명하려고 생각하는 프로세스 쪽에 훨씬 흥미를 갖고 있었던 것은 아닐까.

『산술』의 제2권의 문제(96페이지를 참조)와 관련하여 페르마는 디오판토스의 책의 여백에 주목할만한 주석을 적어넣었다. 여백이 더 넓었더라면 아마 수학의 역사가 바뀌었음에 틀림없다고 일컬어질 만큼 중요한 것이다. 앞에서 언급한 것처럼 문제 8은 '주어진 제곱수를 2개의 제곱수로 분할하라' 라는 문제였다. 페르마는 제곱수뿐 아니고 더 높은 거듭제곱에도 흥미를 가지고 있었기 때문에 이 문제를 보다 높은 거듭제곱의 경우를 포함하는 훨씬 일반적인 정리에까지 확장하였다. 그는 위에서 언급한 책의 여백에 다음과 같이 적고 있다.

"하나의 세제곱수를 2개의 세제곱수의 합으로 분할하는 것, 하나의 네제곱수를 2개의 네제곱수의 합으로 분할하는 것, 일반적으로 제곱수보다도 높은 하나의 거듭제곱수를 같은 멱의 2개의 거듭제곱수의 합으로 분할하는 것은 불가능하다. 이에 대해서 나는 놀랄만한 증명을 발견했는데 여백이 없어서 그것을 적어 넣을 수 없다."

(수학적으로 말끔히 적으면 n이 2보다 큰 정수일 때 방정식 $a^n + b^n = c^n$은 결코 정수해를 갖지 않는다라는 것이다).

페르마의 대정리

페르마가 갖고 있었던 디오판토스의 카피에는 이 밖에도 많은 결과가 증명 없이 적혀 있고 친구 앞으로 보낸 편지 속에는 더 많이 있다. 페르마가 이 정도로 열심히 연구한 정리의 증명을 친구에게 알리지 않았던 것은 불가사의하지만 친구들이 그 증명을 알고 싶어 하지 않았다는 것은 더 불가사의하다. 증명이 없는 정리는 수학이 아니기 때문이다.

그러나 페르마는 단지 육감이 빨랐다는 것만은 아니고 수학자로서도 나무랄 데가 없는 우수한 재능을 가진 사람이었다. 그 이유는 그가 증명이 되었다고 말하고 있었던 정리는 ——단지 하나를 제외하고——모두 훗날의 수학자에 의해서 증명이 되고 그것이 옳았다는 것을 보였기 때문이다. 이 단지 하나의 예외가 위에서 언급한 정리이고 이것이 페르마의 대정리라 불리고 많은 우수한 수학자의 노력에도 불구하고 아직 증명이 되어 있지 않다.

이 정리의 증명에 상금을 걸고 있는 학사원(學士院)도 있고 페르마 이외의 많은 대수학자가 이 문제에 손을 댔다. 그것을 하지 않은 것은 가우스뿐이다. 가우스는 '누구도 증명할 수도 반증할 수도 없는 것같은 정리라면 나도 많이 제출할 수 있다'라고 신랄하게 말할 뿐이었다.

이 정리의 특별한 경우라면 많은 경우가 증명되고 있다. 예컨대 n이 3에서 25000까지의 사이의 소수일 때는 페르마의 대정리는 성립한다는 것이 증명되고 있다. 따라서 이 정리가 옳다는 것은 추측할 수 있지만 모든 n에 대해서 성립하는지 어떤지에 대해서는 모르고 있다.

오늘날에는 이 정리가 옳은지 아닌지는 거의 문제가 아니고 페르마가 과연 옳은 증명을 하였는지에 대해서 흥미를 갖고 있다. 많은 우수한 수학자가 3세기나 달라붙었는데도 아직 증명되지 않은 정리를 17세기의 페르마가 과연 증명할 수 있었던 것일까.

오늘날에는 '이 정리가 확실히 옳다고 생각되지만 페르마가 증명할 수 있었다라고 말하고 있는 것은 아마 잘못이었던 것은 아닐까' 라는 것이 일반적으로 인정된 설이다(페르마 이후에도 잘못된 증명을 발표한 수학자가 많이 있는 것이기 때문에).

현대수학의 입장에서 말하면 이 정리의 증명은 이미 그다지 중요한 문제는 아니다. 이 정리를 공격하는 도중에서 현대수학의 연구에 매우 도움이 되는 개념이나 결과가 얻어진 것이기 때문에 페르마의 대정리의 역할은 이미 끝났다고 해도 될 것이다.

〔3백 66년간 풀지 못했던 페르마의 대정리는 1993년 6월 미국 프린스턴 대학 수학과 교수 앤드류 와일스에 의해 증명되었다. 6년 전 타원곡선 이론과 관계된 추론이 페르마의 대정리와 연관이 있다는 것이 밝혀진 후로 와일스는 10여 가지의 복잡한 현대수학 이론들을 결합, 증명에 도달했다. 이 증명의 완전한 논문은 2백 페이지가 넘어 세계의 수학계가 완벽한 검증을 마치려면 많은 시간이 걸릴 것으로 보이지만 대부분 수학자들은 그의 증명이 맞는 것으로 확신하고 있다——조선일보 1993년 8월 31일자〕.

아름다운 2제곱정리

그러면 다시 제곱수로 되돌아 가자.

페르마는 제곱수에 대해서도 많은 흥미있는 결과를 증명하였다. 수학의 아름다움의 예로 흔히 인용되는 2제곱정리는 그가 상세한 증명을 언급하고 있는 얼마 안되는 정리 중의 하나이다. 여기서는 이 증명을 설명할 수는 없지만 정리의 의미만은 설명해 두자.

2제곱정리 : $4n+1$의 형태의 소수(5, 13, 17, … 등)는 2개의 제곱수의 합으로써 나타낼 수 있으나 $4n-1$의 형태의 소수(7, 11, 19, … 등)는 2개의 제곱수의 합으로써 나타낼 수 없다.

2보다 큰 소수는 반드시 $4n+1$이나 $4n-1$의 형태로 되므로 이 정리는 모든 소수에 대해서 언급한 매우 일반적인 정리이다. 페르마는 이 정리를 증명하기 위해 '무한강하법(無限降下法)'이라 불리고 있는 방법을 생각하였다. 먼저 2개의 제곱수의 합으로써 나타낼 수 없을 것 같은 $4n+1$의 형태의 소수가 있었다고 가정한다. 이 가정으로부터 더 작은 $4n+1$의 형태의 소수로 2개의 제곱수의 합으로써 나타낼 수 없는 것이 있다는 것을 증명한다. 이 논의를 계속해 가면 드디어는 5에 도달하는데 5는 1^2+2^2으로 2개의 제곱수의 합으로 나타낼 수 있다. 따라서 최초의 가정은 잘못이고 정리는 옳다(그러나 이 방법을 사용해도 이 정리가 완전히 증명된 것은 페르마가 죽고 나서부터 거의 100년 뒤의 일이었다).

$4n+1$의 형태의 소수는 피타고라스 삼각형과도 재미있는 관계가 있고 페르마는 다음의 정리를 발견하고 그것을 증명하였다.

$4n+1$의 형태의 소수를 a라 한다. a는 단지 1종류의 직각삼각형의 빗변이다. a^2은 2종류의, a^3은 3종류의, a^4은 4종류의, … 직각삼각형의 빗변이다.

예컨대 5에 대해서는 $5^2=25$, $5^3=125$이고

$$5^2=3^2+4^2$$

$$25^2=15^2+20^2=7^2+24^2$$

$$125^2=75^2+100^2=35^2+120^2+44^2+117^2$$

과 같은 식이다.

제곱수나 거듭제곱수에 대해서 그만큼 많은 사실을 증명한 페르마의 이름이 그 자신이 아마 증명할 수 없었다고 생각되는 정리와 함께 알려져 있는 것은 매우 얄궂은 이야기다. 이러한 점에서는 갈릴레오도 매우 비슷하다. 갈릴레오는 대단히 많은 흥미있는

저서와 말을 남기고 있는데 그중에서도 아마 가장 유명한 것은 '그래도 지구는 움직인다'일 것이다. 그런데 그가 실제로는 이 말을 하지 않았다는 것이 거의 확실하다.

이 두 사람의 생애는 1601년에서 1642년 사이에서 겹치고 있다. 한 사람은 프랑스에서 평온한 변화사의 생활을 보냈고 한 사람은 이탈리아의 종교재판에 끌려 나와 신 앞에 무릎 꿇고 자기의 가장 깊은 과학적 신념을 취소당했다. 전적으로 다른 생애였지만 두 사람 모두 제곱수가 매우 흥미있는 수라는 것을 알고 있었다.

문 제

4개의 4를 여러 가지로 조합시켜 여러 가지의 정수를 나타내 보자. $+$, $-$, $\times$, $\div$ 이외에도 임의의 수학기호를 사용해도 된다. 다음과 같은 식이다.

$$1 = \frac{44}{44}$$

$$2 = \frac{4 \times 4}{4 + 4}$$

$$3 = 4 - \left(\frac{4}{4}\right)^4$$

$$4 = 4 + 4 - \sqrt{4} - \sqrt{4}$$

5에서 12까지의 정수를 이러한 방법으로 나타내기 바란다.

(답은 223페이지에 있다)

5의 이야기

별표 5각형은 그 피타고라스의 정리로 유명한 피
타고라스 교단의 심벌 마크였다. 이 5라는 수의 비밀
을 해명하기 위해 변호사 겸 수학자인 페르마와 만년
을 맹인으로 지낸 수학자 오일러가 등장한다.
　당신도 이 탐험에 참가하시면 어떨지……

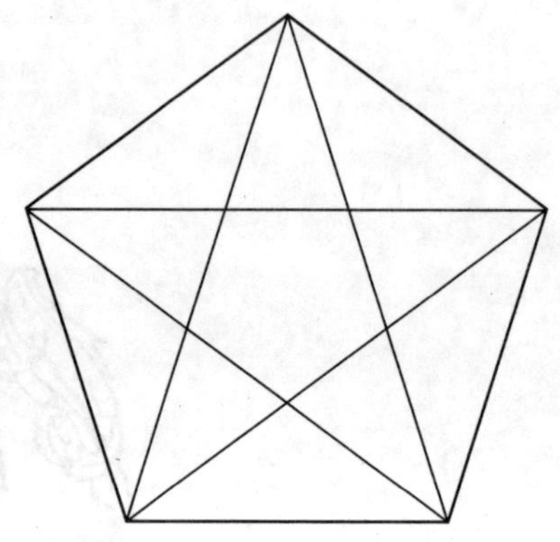

마크와 5각형

자연수에 대해서 매우 흥미있는 것은 가령 그 수 자신에는 이렇다 할 특징이 없는 경우에도 그 밖의 수와의 관계를 생각하면 뜻밖의 사실이 발견되는 일이다.

피타고라스 학파의 사람들은 5각형에 특히 관심을 갖고 있었다. 정5각형 중에는 '2중으로 조립된' 3각형이 숨어 있고 5개의 꼭지점을 가진 별표는 그들의 결사(結社)의 심벌 마크였다. 그러나 5각수(數)는 그들이 대단한 관심을 갖고 있었던 다각수 중의 하나에 불과하다.

이들 다각수는 3각수부터 시작해서 4각수, 5각수, 6각수로 끝없이 계속된다. 그리스인은 '3으로부터 앞의 어떠한 수도 그 수와 같은 만큼의 꼭지점을 갖는 다각수로서 나타낼 수 있다' 라는 명백하지만 중요한 사실을 알고 있었다.

그들은 거듭 하나의 5각수에 하나의 층을 부가시키면 더 큰 5각수를 만들 수 있는 것에도 주의하였는데 이와 같이 차례로 층을 겹쳐서 다각수를 만들어 갈 수 있는 것이라고 생각하면 1은 모든

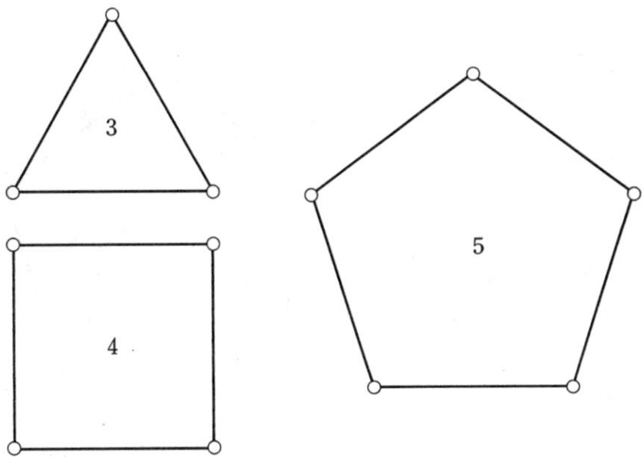

다각수의 그룹의 최초의 것으로 간주할 수 있다. 어떠한 5각수도
1부터 만들 수 있는 것이다.

그리고 5각수 중에서 각의 수와 같은 만큼의 단위를 갖는 것은
5이고 이것이 모든 5각형의 원형(原型)이다. 그리고 5의 다음에
계속되는 5각수는 다음과 같이 된다.

12, 22, 35, 51, 70, 92, 117, 145, 176, 210, …

학생의 수학적인 능력을 보기 위해 흔히 사용되는 테스트 위와
같은 수열을 보여주고 '이것은 어떠한 규칙으로 만들어져 있는가'
를 발견시키는 것이 있다. 독자들은 위의 수열은 차례로 어떠한
수가 부가되고 있는가를 생각해 보면 좋다. 210의 다음은 13번째
의 5각수인데 이것은 몇일까?

이것을 만드는 하나의 방법은 1부터 시작해서 3개째마다의 수
를 차례로 13번째까지 더해 간다. 1부터 시작해서 2개째마다의 수
를 차례로 더해 가면 모든 제곱수를 만들 수 있다는 것을 '4의 이
야기'의 장에서 설명하였는데(95페이지) 이것과 마찬가지로 3개째

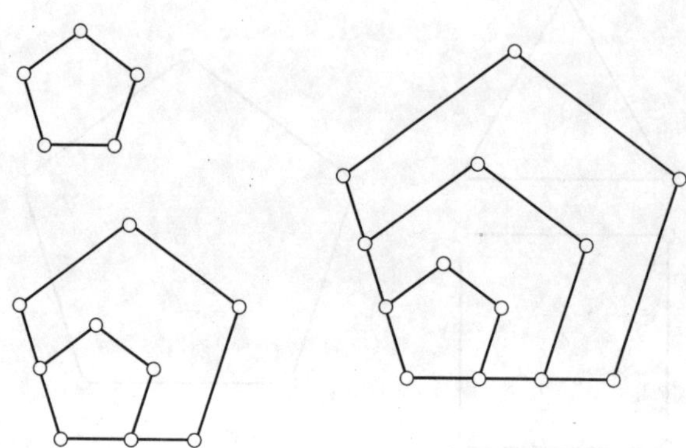

마디의 수를 차례로 더해 가면 모든 5각수가 만들어지고 4개째마다의 수를 차례로 더해 가면 모든 6각수를 얻을 수 있다.

최초의 5각수	$1=1$
2번째의 5각수	$1+4=5$
3번째의 5각수	$1+4+7=12$
4번째의 5각수	$1+4+7+10=22$
……	……
12번째의 5각수	$1+4+7+10+13+16+19+22+25+28$ $+31+34=210$

그래서 13번째의 5각수를 얻으려면 12번째의 5각수에 $37(=34+3)$을 더하면 된다.

또 하나는 더 직접적인 방법인데 그를 위해서는 일반적인 n번째의 r각수 P_n^r을 결정하는 공식이 필요하다.

그것은

$$P_n^r = \frac{n}{2}\{2+(n-1)(r-2)\} = n + (r-2)n\,\frac{n-1}{2}$$

이다. 이 식에서 $n=13$, $r=5$ 라 두면

$$P_{13}^5 = 13 + (3 \times 78) = 247$$

이 된다.

페르마의 새로운 발견

이와 같이 그리스인은 다각수를 만드는 방법과 서로의 다각수 사이의 관계에 비상한 흥미를 가졌다. 그 후에도 다각수를 연구한 사람은 많이 있었지만 임의의 다각수를 나타내는 일반 공식이 얻어지자 전문적인 수학자는 '이제부터 앞으로는 아마추어가 재미있어 할만한 것밖에 남아 있지 않다'라 생각하여 다각수의 연구를 포기해 버렸다. 그러나 페르마만은 초기의 그리스인과 같은 신선한 흥미를 갖고 연구를 계속하여 다각수의 표면적인 관계를 거듭 파고 들었다. 그리고 다각수 그 자신뿐 아니라 임의의 자연수와 다각수와의 사이에 있는 전혀 뜻밖의 아름다운 관계를 발견했다.

페르마가 갖고 있었던 디오판토스 책의 카피의 여백에는 다음과 같은 것이 적혀 있다.

'모든 자연수는 (i) 3각수이거나 또는 2개 내지는 3개의 3각수의 합이다. (ii) 4각수이거나 또는 2개나, 3개나, 4개의 4각수의 합이다. (iii) 5각수이거나 또는 2개나, 3개나, 4개나, 5개의 5각수의 합이다. 이하 마찬가지로……'

이 정리의 아름다움은 모든 자연수는이라는 말과 이하 마찬가지로라는 말에 있다. 이것은 모든 자연수와 모든 다각수에 대해서 언급하고 있는 정리이고 게다가 전적으로 명백하다는 것도 아니다. 우스펜스키와 히스렛은 그 저서『초등정수론』중에서

"다각수에 대해서 그리스인이 갖고 있었던 관심은 하찮은 것이지만 페르마의 정리야말로 자연수의 심원(深遠)한 성질을 언급한 것이다."

라고 적고 있다.

그런데 모든 자연수는 5개 이하의 5각수의 합으로서 나타낼 수 있다는 것은 5각형을 한 수와 모든 자연수와의 사이의 전혀 뜻밖의 관계이다.

수학의 아마추어라는 범위를 훨씬 넓혀서 페르마를 아마추어 속에 넣는다 해도 이 정리를 증명한 사람은 수학의 아마추어는 아니다. 오일러는 일찍이 생존한 수학자 중에서 가장 전문적인 수학자였고 그 업적이 다산(多産)이었던 것은 비길 데 없다. 오일러의 수학 논문의 전집을 만들려고 하는 계획은 아직 완료되지 않고 있다. 오일러가 죽은 뒤 몇 년이나 지나서 뜻밖의 논문이 차례로 발견되기 때문에 출판의 원가 계산이 뒤집히는 일도 가끔 있었다.

오일러는 만년의 17년간은 거의 완전히 맹인이었는데도 그 76년의 전생애를 통해서 그가 손을 댄 수학의 분야는 어느 것도 이전에 비해서 훨씬 조직화되었다.

오일러로서는 이루어야 할 일이 이루어지지 않고 있는 것을 —— 가령 그것이 수학에 독창적인 공헌을 하는 것이라 하더라도 또는 세세한 부분의 정리라 하더라도 —— 전적으로 참을 수 없었던 것 같다. 그러한 것의 하나로서 분할의 이론이 있다. 다각수가 이 분야에서 중요한 역할을 수행할 것이라고는 누구도 꿈에도 생각하

지 않았던 것인데 오일러는 이 관계를 발견하였다.

°오일러와 분할의 이론

분할의 이론에서는 어떤 수를 그 부분의 합으로서 나타내는 방법이 몇 가지 있는가를 연구한다. 이 분할에서는 홀수개로 가른다든가 다른 부분으로 가른다든가 여러 가지 조건을 붙이는 일도 있으나 일반적으로는 제한이 없다. 예컨대 5는 1, 2, 3, 5의 합으로서 몇 가지로 나타낼 수 있는 것일까. 시험해 보면

$$5$$
$$4+1$$
$$3+2$$
$$3+1+1$$
$$2+2+1$$
$$2+1+1+1$$
$$1+1+1+1+1$$

따라서 5의 무조건분할의 개수는 7이고 이것을

$$p(5)=7$$

이라 적는다.

분할이론의 일반적인 문제는

'각각의 자연수에 대해서 모든 분할의 개수를 결정하는 것'

이다. 몇 갠가의 수에 대해서 계산해 보아도 알 수 있는 것처럼 분할되는 수와 분할의 개수와의 관계는 매우 불규칙하여 법칙을

발견하는 것은 제법 어렵다.

$$p(1)=1, \ p(2)=2, \ p(3)=3$$

이지만 이로부터 앞은

$$p(4)=5, \ p(5)=7$$

이 된다. 독자는 $p(6)$의 값을 예상해 보면 재미있다. 실제로 해보지 않고 답을 알았다면 훌륭하다(답은 116페이지에 있다).

실제로 세어 보지 않고 이 분할수를 자동적으로 계산할 수 있는 것 같은 식(가감승제로 되어 있는 식)을 만들려면 어떻게 하면 될 것인가.

분할의 이론에 대한 오일러의 공헌은 바로 이 생성함수의 결정이었다. 그리고 이와 동시에 5각수와 자연수의 분할수와의 사이의 놀랄만한 관계도 발견하였다.

오일러의 생성함수 $p(n)$은 어떤 멱급수의 역수

$$\frac{1}{(1-x)(1-x^2)(1-x^3)(1-x^4)(1-x^5)\cdots}$$

과 관계가 있다.

이 분수식은 물론 분자를 분모로 나누는 것이지만 조금 기묘한 점이 있다. 분모는 무한히 계속되고 있는 것이기 때문에 결코 계산이 완결되지 않는 식으로 나눗셈을 하지 않으면 안된다. 분모인 $1-x^5$의 다음의 ……는 그때까지와 마찬가지로 x의 멱을 하나씩 증가시킨 인수를 언제까지나 곱해 간다는 것을 나타내고 무한승적(無限乘積)이라 부르고 있는 것이다. 이 프로세스에는 끝이 없는 것이므로 최후의 적(積)도 언제까지라도 얻을 수 없다!

　유한개의 수나 식의 곱셈이나 나눗셈밖에 한 일이 없는 사람에게는 무한승적 등이라는 것은 불가사의하게 생각될지도 모른다. 하물며 그것으로 나눗셈을 하는 등은 전혀 뜻을 모른다. 순차적으로 해보자. 먼저 $1-x$에 $1-x^2$을 곱하는 것인데 이 이어지는 계산을 적어 둔다.

$$
\begin{array}{l}
1-x \\
1-x^2 \\
\hline
1-x-x^2+x^3 \\
1-x^3 \\
\hline
1-x-x^2+x^3 \\
\qquad\qquad -x^3+x^4+x^5-x^6 \\
\hline
1-x-x^2 \qquad +x^4+x^5-x^6 \\
1-x^4 \\
\hline
1-x-x^2 \qquad +x^4+x^5-x^6 \\
\qquad\qquad -x^4+x^5+x^6 \qquad -x^8-x^9+x^{10} \\
\hline
1-x-x^2 \qquad +2x^5 \qquad\quad -x^8-x^9+x^{10} \\
1-x^5 \\
\hline
1-x-x^2 \qquad +2x^5 \qquad\quad -x^8-x^9+x^{10} \\
\qquad\qquad -x^5+x^6+x^7 \qquad\quad -2x^{10}\cdots \\
\hline
1-x-x^2 \qquad +x^5+x^6+x^7 -x^8-x^9-x^{10}\cdots \\
1-x^6 \\
\hline
1-x-x^2 \qquad +x^5+x^6+x^7 -x^8-x^9-x^{10}\cdots \\
\qquad\qquad -x^6+x^7+x^8 \qquad\qquad -x^{11}-x^{12}\cdots \\
\hline
1-x-x^2 \qquad +x^5 \quad +2x^7 \quad -x^9-x^{10}-x^{11}-x^{12}\cdots \\
1-x^7 \qquad\qquad\qquad -x^7+x^8+x^9 \qquad\qquad -x^{12}\cdots \\
\hline
1-x-x^2 \qquad +x^5 \quad +x^7+x^8 \quad -x^{10}-x^{11}-2x^{12}\cdots \\
1-x^8 \\
\hline
\end{array}
$$

　이것을 보면 처음쪽의 항은 차례로 결정해 가고 계산을 앞으

오일러 (1707~1783)

스위스 바젤에서 태어나고 1726년에 페테르부르크의 아카데미로 옮겨 15년간의 체재 후 베를린으로 되돌아 왔다. 1766년 다시 페테르부르크로 갔고 만년은 맹인이었지만 거기서 죽을 때까지 연구 활동을 계속했다. 오일러는 45권의 서적과 700편 이상의 논문을 썼고 그 내용은 수학의 각 방면을 망라하고 있는데 특히 무한소해석, 미분적분학, 변분학(變分學) 등의 해석학에 선구적인 업적이 많다.

로 연장시켜 가도 이것들은 이미 바뀌지 않는 것을 알 수 있다고 생각한다. 즉

$$1-x-x^2+x^5+x^7-x^{12}-x^{15}+x^{22}+x^{26}+\cdots$$

가 된다. 그래서 이 식으로 1을 나누면 된다. 계수만을 적으면

$$1-1-1+0+0+1+0+1+0+0+0+0-1+0+\cdots$$

이것으로 1을 나누는 계산은 다음과 같이 된다.

```
                          1+1+2+3+5+7+11…
1−1−1+0+0+1+0…)1+0+0+0+0+0+0…
                1−1−1+0+0+1+0…
                1+1+0+0−1+0…
                1−1−1+0+0+1…
                2+1+0−1−1…
                2−2−2+0+0…
                3+2−1−1…
                3−3−3+0…
                5+2−1…
                5−5−5…
                7+4…
                7−7…
                11…
```

이렇게 하면 참으로 불가사의하게도 112페이지에서 본 수 즉

무조건분할의 개수를 나타내는 수가 몫의 부분에 배열된다.

$$p(0)=1$$
$$p(1)=1$$
$$p(2)=2$$
$$p(3)=3$$
$$p(4)=5$$
$$p(5)=7$$
$$p(6)=11$$
$$\cdots$$

이 나눗셈을 계속해 가면 $p(n)$ 의 값을 얼마든지 구할 수 있다. $p(n)$ 은 n 과 함께 급격히 증대해 가서 비교적 작은, 예컨대 $n=200$ 에 대해서도 $p(200)=3,972,999,029,388$ 이라는 엄청나게 큰 수가 된다.

5각수와 불가사의한 관계

그런데 이제까지의 설명의 어디를 보아도 5각수와는 거의 관계가 있을 것 같지도 않다. 그 관계를 이제부터 설명한다.

109페이지에서 설명한 것처럼 5각수를 나타내는 식은 그 식에 $r=5$ 를 대입하여

$$P_n^5 = \frac{3n^2-n}{2}$$

이었으나 이제까지는 n 으로 양의 정수값만을 취해 왔다. 즉

$$n=1 \text{이라 두어 } P_1^5=1$$

$$n=2 \text{라} \quad \text{두어} \quad P_2^5=5$$
$$n=3 \text{이라 두어} \quad P_3^5=12$$
$$n=4 \text{라} \quad \text{두어} \quad P_4^5=22$$
$$\cdots\cdots \qquad \cdots\cdots$$

그런데 n으로 음의 값을 취해 보면

$$n=-1 \text{이라 두어} \quad P_{-1}^5=2$$
$$n=-2 \text{라} \quad \text{두어} \quad P_{-2}^5=7$$
$$n=-3 \text{이라 두어} \quad P_{-3}^5=15$$
$$n=-4 \text{라} \quad \text{두어} \quad P_{-4}^5=26$$
$$\cdots\cdots \qquad \cdots\cdots$$

을 얻는다. 그리고 앞에서 계산한 무한승적을 나타내는 식의 x 의 멱이 정확히 교대로 나타난다.

이 불가사의한 관계에는 오일러도 그 후의 사람들도 한 사람도 인지하지 못한 것 같다. 또 생성함수 $p(n)$을 만드는 도중에 왜 5각수가 나타나는가라는 이유는 명백하지는 않지만 그리스인이라면 반드시 이 발견의 가치를 인정해 주었을 것임에 틀림없다. 왜냐하면 그리스인은 때로는 대단히 하찮은 일에 열중한 일이 있었다 하여도 수의 사이에는 실로 매력적이고 놀랄만한 관계가 있다는 것을 인정한 최초의 민족이기 때문이다.

그 밖의 발견

수의 사이의 뜻밖의 관계를 발견할 수 있었을 때는 ——
가령 그것이 이미 별개의 사람에 의해서 발견되어 있다는
것을 나중에 알았다 하여도 —— 매우 기쁜 것이다. 115페
이지의 무한히 계속되는 식을 제곱해도 아무것도 눈에 띄
는 발견은 없다고 생각하지만 그것을 세제곱해 보면 뜻밖
에 재미있는 관계를 발견할 수 있을 것이다 —— 이것을
최초로 발견한 것은 대수학자 야코비이다.

즉 $1-x-x^2+x^5+x^7-x^{12}-x^{15}+\cdots$ 을 세제곱하는 것
인데 그것이 어떠한 재미있는 결과가 되는지를 시험해 보
기 바란다.

(답은 223페이지에 있다)

6의 이야기

6은 불가사의한 수이다. 왜냐하면 6의 약수인 1, 2, 3(6 자신은 제외한다)을 더하면 역시 6이 돼버리기 때문이다. 이러한 성질을 가진 수는 완전수라 불리고 6 이외에도 많이 발견되었지만 홀수의 완전수는 아직 하나도 발견되어 있지 않다! 그것은 정말 없는 것일까?

완전수의 불가사의

6이라는 수는 최초의 완전수이다. 이 완전수라는 것은 그 자신 이외의 모든 약수(1도 약수 속에 포함시킨다)의 합이 꼭 그 자신과 같아지는 수에 대해서 그리스인이 붙인 이름이다. 6의 약수는 1과 2와 3이고 정확히 1+2+3=6으로 되어 있다(피타고라스 학파의 사람들은 10이라는 수를 완전한 수라고는 간주하지 않았다. 6이 완전수라는 의미에서는 확실히 10은 완전하지는 않지만 그러나 모든 기하학적 수, 즉 점으로서의 1, 직선으로서의 2, 평면으로서의 3, 입체로서의 4의 합으로 되어 있다는 의미에서 이 수에 매력은 느끼고 있었던 것 같다).

로마인은 다음과 같은 이유에서 6이라는 수를 '사랑의 신'이라 불렀다. 3은 홀수이므로 남성을 나타내고 2는 짝수이므로 여성을 나타낸다. 6은 이 2개의 수가 결합한 수이다라는 것이다. 또 고대의 유태인은 신이 6일 걸려서 세계를 창조한 것은 6이 최초의 완전수이기 때문이다라고 생각하였다.

완전수는 그리스의 옛날부터 많은 수학자의 흥미를 돋구었지만 그후 2000년 동안에 걸친 많은 사람들의 노력에도 불구하고 그러한 성질을 가진 수는 6 이외에는 11개밖에 발견되지 않았다. 그런데 1952년에 캘리포니아 대학의 한 사람의 수학자가 로스앤젤레스 분교의 수치해석 연구소에 있었던 전자계산기 SWAC를 사용해서 75년만에 새로운 완전수를 발견하였다. 이에 계속되는 4개월 동안에 거듭 4개의 완전수가 추가됨으로써 결국 1955년까지는 전부 해서 17개의 완전수를 알고 있었다.

완전수의 발견은 대부분의 신문기자의 주의를 끌지 못했다. 그

신이 6일 걸려서 세계를 창조한 것은 6이 최초의 완전수이기 때문이다

이유는 원자폭탄의 제조에는 물론 그 밖의 어떠한 실제적 문제에도 전혀 쓸모가 없다는 것이 확실하기 때문이다. 수학적으로 보아 흥미가 있다는 것뿐이나 그러나 일반 사람들에게도 재미있는 이야기가 숨어 있다.

수학의 그 밖의 이야기와 마찬가지로 완전수의 이야기도 또한 그리스의 옛날부터 시작된다. 그리스인은 6과 28이 어느쪽도 그 자신 이외의 모든 약수의 합으로 되어 있는, 즉 완전수라는 것을 발견하여 매우 놀란 것이나 탐험을 좋아하는 성격에서 이것 이외에도 완전수는 없는 것일까하고 생각하기 시작했다. 6과 28을

$$6 = 2 \times 3 = 2^1(2^2-1)$$
$$28 = 4 \times 7 = 2^2(2^3-1)$$

으로 표현해 보면 알 수 있는 것처럼 이 2개는 매우 잘 닮은 형태를 하고 있다. 어느쪽도

(A) $2^{n-1}(2^n-1)$

이라는 형태이다.

유클리드의 숙제

2000년이나 옛날에 유클리드는 2^n-1이 소수일 때는 (A)의 형태의 수는 모두 완전수라는 것을 증명하였다. 6일 때는 $2^2-1=3$이, 28일 때는 $2^3-1=7$이 어느쪽도 소수이므로 정확히 그렇게 되어 있다. 그러나 유클리드는 이 역(逆), 즉 모든 완전수가 이러한 형태로 나타낼 수 있다는 것은 증명할 수 없었다. 그리고 완전수가 얼마만큼 있는가 하는 것이 유클리드보다 훗날의 수학자에게

숙제가 된 것이다.

유클리드 이후의 수세기 동안은 그 무렵의 풍조를 반영해서 완전수에 '윤리적인 의미'가 붙여졌다. 훌륭한 대수학자 딕슨은 그 저서인『정수론의 역사』속에서 다음과 같이 적고 있다.

"기원 1세기경은 모든 수는 과잉수(약수의 합이 그 수를 초과하는 것)와 **부족수**(약수의 합이 그 수보다 작은 것)와 완전수의 3종류로 분류되어 각각의 타입에 대해서 도덕적인 의미 부여를 진지하게 생각하였다. 거듭 8세기에 와서는 노아의 방주(方舟) 속에는 인간과 동물을 합쳐서 8종류가 있고 그것들로부터 그 후의 모든 생물이 발생한 것이므로 인류의 제2의 탄생은 부족수 8로 시작한다 등이라 하였다.

앞에서도 언급한 것처럼 인류의 최초의 탄생은 완전수 6과 관계가 있는 것이므로 이것을 보아도 현재의 인류가 불완전하다는 것을 알 수 있다라는 논의까지도 아주 진지하게 논의되었다. 12세기에 와서는 완전수의 연구는『영혼의 구제』의 프로그램 속에조차 편성하게 되었다. 그러나 유클리드가 남긴 과제에 답할 수 있는 사람은 없었다."

실제로는 이 문제에 관심을 가진 수학자는 그렇게 많지는 않은 것 같았다. 1세기경에 이미 최초의 4개의 완전수 6, 28, 496, 8128이 알려져 있었다.

완전수인지 아닌지의 하나의 판정법은 유클리드가 언급하고 있는 것이지만 그 후에 막대한 시도를 한 결과 5번째($n=13$의 경우)의 완전수 33550336이 발견된 것은 겨우 14세기에 들어가서의 일이었다.

1400년만에 완전수를 발견

오늘날과 같은 고속 전자계산기의 시대에 있으면 작은 완전수를 발견하기 위해서도 옛날에는 막대한 수작업의 계산이 필요하였던 것을 그만 잊어버리기 쉽다. 5번째의 완전수에 대한 다음의 설명을 읽으면 그 완전성의 증명의 이면에는 얼마나 많은 '제3의 R'이 숨겨져 있는지를 알 수 있다고 생각한다(제3의 R이란 산술, aRithmetic 을 말함. 옛날에는 읽기 Reading, 쓰기 wRiting과 합쳐서 3개의 R이라 불렀다) .

$$2^{13-1}(2^{13}-1)=33550336$$

이 완전수임을 유클리드의 방법으로 증명하려면 $2^{13}-1=8191$이 소수라는 것을 증명해야만 한다. 그를 위해서는 8191의 제곱근보다 작은, 즉 91보다 작은 모든 소수로 나눠 보면 된다. 그렇게 하면 어떠한 소수로도 나누어 떨어지지 않음을 알게 되어 8191이 소수라는 것이 확정된다. 그래서 $4096 \times 8191 = 33550336$은 완전수이다.

이렇게 적으면 간단한 것 같지만 현대와 같이 편리한 숫자나 4칙기호가 없었던 시대에 대한 것을 생각하면 4번째의 완전수의 발견과 5번째의 완전수의 발견과의 사이가 1000년 이상이나 벌어져 있는 것은 놀라운 것이 아니다.

흥미있는 분은 다음의 후보자 $2^{17-1}(2^{17}-1)$에 대해서 시험해 보면 된다. 충분히 1개월은 즐길 수 있을 것으로 생각한다.

또한 이미 안 완전수의 형태를 잘 조사해서 미지의 완전수의 형태를 추측하는 방법도 여러 가지 시도되었다. 그 하나로서 다음과 같은 것이 있다. 6, 28, 496, 8128로 배열해 보면 어린이라도

생각이 떠오르는 것이지만

　'5번째의 완전수는 다섯 자리이다'

라는 예상이 세워졌다. 그러나 5번째의 완전수의 발견에 따라서 이 예상은 곧 무너져 버렸다.

　다음으로 더 조금 공들인 예상은

　'완전수의 마지막 자리는 6과 8로서 게다가 교대로 나타난다 (물론 이유는 모른다)'

라는 것이다.

　5번째의 완전수가 발견되었을 때에는 이 예상은 들어맞았지만 6번째의 완전수가 발견되었을 때에는 예상은 빗나가 버렸다. 그것은 8589869056으로 마지막 자리는 유감스럽게도 8이 아니고 6이었다. 이리하여 이 추측도 실패였다.

수도사 메르센의 예상

　그러나 어떤 예상이 잘못이었다는 것을 알아도 잇달아서 새로운 예상이 나타났다. 특히 짝수의 완전수를 만드는 근본이 되는 2^m-1이라는 형의 소수에 대해서는 추측에 실패한 사람의 이름이 붙어다니고 있다.

　그 한 사람 메르센(1588~1648)은 카톨릭의 수도사였지만 친구인 페르마나 데카르트와 많은 편지 왕래를 하였기 때문에 수학의 역사에 이름을 남기는 사람이 되었다. 이 메르센이 자기의 이름과 완전수를 영원히 결부시키는 '발견'을 한 것은 1644년의 일이었다. 2^m-1이 소수이기 위해서는 n은 소수가 아니면 안된다는 것은 이미 증명되어 있었지만 5번째의 완전수를 만드는 데 필요한 소수조차도 이미 대단히 큰 수이므로 $2^{n-1}(2^n-1)$ 이 완전수가 되는 소수 n 을 정하는 것이 우선 필요하다.

그 당시까지에 알려져 있던 5개의 완전수를 나타내는 n 의 값은 각각 2, 3, 5, 7, 13이었다. 그래서 메르센은 '이러한 성질을 가지는 257까지의 소수는 17, 19, 31, 67, 127, 257의 6개뿐이다'라는 것을 주장하였다. 즉 메르센이 예측한 최대의 소수는

$$2^{257}-1=231584178474632390847141970017375815706539969331281128078915168015826259279871$$

이다.

메르센은 이것이 소수라는 것을 실제로 테스트할 수는 없었고 그 당시의 수학자도 물론 할 수 없었다. 오늘날에는 메르센이 이러한 것을 주장한 것은 그의 놀랄만한 직관(直觀)의 재능 덕분이고 실제 메르센은 증명할 수 있었던 것보다도 훨씬 많은 진리를 발견하고 있었던 것이다라고 생각되고 있다.

홀수의 수수께끼

메르센이 그의 '소수'를 발표한 시대에는 어떤 수가 소수인지 아닌지를 테스트하려면 그것보다도 작은 소수로 차례로 나누어 보는 것 이외에는 방법이 없었다. 큰 메르센 소수에 대해서는 현대의 전자계산기조차도 굉장히 시간이 걸려서 거의 불가능하다. 그러나 그 시대의 많은 수학자가 이 수고를 하는 나눗셈을 행한 결과 메르센의 6번째, 7번째의 수가 소수라는 것을 발견하고 결국 오일러가 8번째의 $2^{31}-1$이 소수라는 것을 결정하는 곳까지 진행되었다. ·

수학자 중에는 다음과 같이 말하고 있는 사람도 있었다.

'메르센 소수로부터 만들어진 완전수는 이젠 아마 발견되지 않을 것이다. 그 이유는 완전수는 조금 재미있어 보이지만 그 밖의 분야에는 전혀 쓸모가 없어서 이것보다도 큰 완전수를 발견하려고 하는 등 어리석은 희망을 갖는 사람은 없을 것이기 때문에'

그러나 이 사람은 수학자의 호기심이라는 것을 과소 평가하고 있다. 그 이유는 이것은 어떤 특정의 성질을 가지는 수가 유한개 밖에 없는가 또는 무한히 있는가라는 문제이이서 수학자로서 큰 관심사이기 때문이다.

그런데 유클리드 이후에 완전수에 대해서 가장 중요한 공헌을 한 것은 오일러이다. 앞에서도 이야기한 것처럼 유클리드는 2^m-1이 소수일 때는 $2^{m-1}(2^m-1)$은 완전수라는 것을 증명할 수 있었으나 그 역은 증명할 수 없었다. 그러나 오일러는 짝수의 완전수는 모두 이 형태라는 것을 증명하였다. 오늘날까지 홀수의 완전수는 하나도 발견되어 있지 않지만 홀수의 완전수가 존재하지 않는다는 것도 아직 증명되어 있지 않다(2000000을 넘지 않는 범위에는 존재하지 않는다는 것은 증명되어 있다).

메르센 패배하다

오일러의 완전수는 그후 100년 이상이나 그 왕좌를 자랑하고 있었다. 그런데 1876년에 루카스는 '3의 이야기'의 장에서 설명한 방법(소수로 실제 나눗셈 등은 하지 않고 판정하는 방법, 81페이지)을 발표하고 이 방법을 사용해서 '$2^{127}-1$이 소수라는 것을 알았다'라고 주장했다. 1891년에 와서 그의 저서 『정수론』 속에서 이전의 발표를 정정하여 '다시 조사한 결과 이것이 소수인지 아닌지는 결정할 수 없었다' 라고 술회하고 있지만 1913년에 와서 역시 소수라는 것을 확정하였다.

이 수는 또 1951년까지는 최대의 소수이기도 하였다. 1951년에 메르센 형태가 아닌 소수가 발견되었기 때문에 최대의 소수라는 영관(榮冠)은 잃었지만 그러나 1952년까지는 최대의 메르센 소수였다.

이와 같이 유효한 루카스의 방법을 사용해서 메르센 소수를 테스트하는 작업은 계속되었다. 메르센이 예측한 마지막의 소수는 126페이지에 인쇄해 놓았는데 그 테스트는 보통의 전자계산기를 사용해서 1년 걸렸고 그 결과를 체크하는데에 다시 1년이 걸렸다. 그 결과 그것은 소수가 아니었다!

이와 같이 그의 마지막 예상은 결국 패배해 버렸다. 그가 발표한 6개 중의 4개($n=17$, 19, 31, 127)는 옳았고 2개($n=67$, 257)는 잘못이었으며 또 $n=61$, 89, 107의 3개는 빠뜨려 버렸다.

13번째의 난관

이러한 까닭으로 20세기의 중반경까지 12개의 완전수가 발견되었고 루카스가 발견한 $2^{126}(2^{127}-1)$이 최대였다. 그리고 이 기록을 깨려고 하는 시도를 많은 사람들이 하였지만 좀처럼 성공하지 못했다. 그러나 드디어 1952년 미국의 전자계산기 SWAC가 관문을 타고 넘었다. 이 SWAC는 현대의 초고속 전자계산기의 하나로 10억 자리의 수를 2개 더하는 데에 64마이크로초[1마이크로초는 100만분의 1초]밖에 걸리지 않는다. 메르센 소수를 SWAC

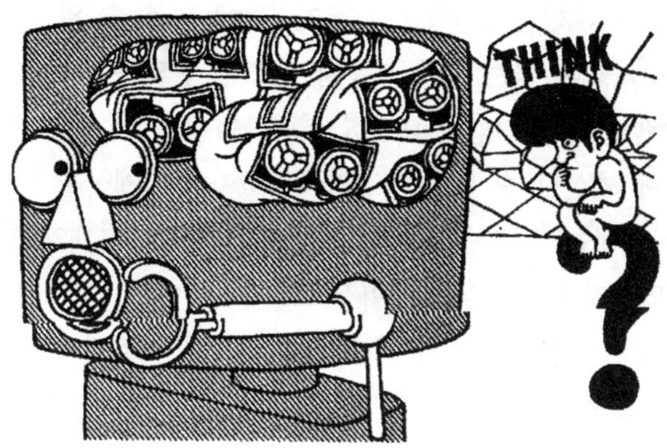

'거대두뇌'는 사고할 수 없다

로 테스트하기 위한 프로그램을 만든 것은 캘리포니아 대학의 교수 로빈슨 박사이다. 그것을 위해서는 실로 수개월 동안이나 걸렸다는 것이다.

일반적으로는 조금 오해하고 있는 사람도 있는 것 같은데 이른바 '거대 두뇌'는 생각할 수는 없다. SWAC의 근처, 남캘리포니아의 팔로마 대망원경이 인간의 시력을 아주 확대한 것과 같은 의미이고 SWAC는 인간의 계산능력을 매우 확대한 것은 확실하지만 단지 그것뿐인 것이다. SWAC는 수학자가 아니다. 놀랄만한 계산속도와 정확성을 별개로 하면 그것은 쉬운 가·감·승·제의 방법과 의미를 알고 있는 국민학생보다도 뒤떨어지고 있다. 계산의 방법을 정확히 가르쳐 주지 않으면 어떠한 쉬운 문제도 풀 수 없다.

그런데 로빈슨 교수의 작업은 루카스의 방법을 SWAC가 실행할 수 있는 13종류의 명령으로 구성되는 프로그램으로 분해하는 것이다. SWAC는 2진법으로 36자리밖에 다룰 수 없는데, 문제는 2300자리나 되는 수를 다루지 않으면 안되는 것이기 때문에 프로그램을 짜는 작업이 대단히 어렵다는 것은 상상이 간다. 10자리밖에 계산할 수 없는 계산기에 100자리의 계산을 시키는 방법을 생각하는 것 같은 것이다. 이 프로그램은 184개의 명령으로 되어 있는데 솜씨 좋게도 이것으로 2^3-1에서 $2^{2297}-1$(이것은 SWAC가 계산할 수 있는 최대의 수)까지의 메르센 소수를 테스트할 수 있는 것이다.

그런데 전자계산기에 이 프로그램을 주어서 계산을 시키기 전에 인간이 하지 않으면 안되는 것이 아직 있다. 그것은 이들 명령을 코드화하여 명령 테이프를 만드는 작업이다. 예컨대 '더한다'라는 명령을 문자 a로 나타낸다 하면 타이프라이터의 키의 a를 누르면 이것이 코드화되어 종이 테이프 위의 구멍의 열에 옮겨진다. 이것을 계산기에 넣으면 구멍이 뚫려 있는 곳에서는 전류의 펄스가 발생하고 구멍이 뚫려 있지 않은 곳에서는 펄스는 끊기는 것이다. SWAC는 10진법 시스템 대신에 '2의 이야기'의 장에서 설명한 2진법을 사용하고 있으므로 어떠한 큰 수라도 단지 1(펄스 있음)과 0(펄스 없음)의 2개의 수의 열로 나타낼 수 있다.

SWAC의 위업

이러한 기나긴 준비작업 후에 드디어 1952년 1월 30일의 저녁에 명령 프로그램이 펀치된 길이 24피트의 테이프가 SWAC에 설치되었다. 테이프를 걸 때까지 이와 같이 긴 준비기간이 걸렸던 것에 비해서 SWAC가 테이프의 모든 명령을 해독하는 데에는 수

초도 걸리지 않았다. 나머지는 테스트하려고 하는 메르센 소수의 지수 n을 넣는 것만으로 된다. 계산기가 모든 계산을 해주고 그 결과를 이 수가 소수면 연속된 0을, 그렇지 않으면 그 수를 —— 16진법으로 —— 인쇄해 준다. '3의 이야기'의 장에서 설명한 것처럼 루카스의 테스트에서는 어떤 하나의 수로 나눠서 나누어 떨어질 때에만 그 수가 소수이므로 나머지를 보여주는 0만이 계속해서 인쇄되어 주면 그 수가 소수라는 것을 확정하는 것이다.

그런데 마침내 극적인 장면이 시작된다. SWAC의 오퍼레이터는 이 거대한 기계 앞에 앉아서 테스트하려고 하는 최초의 수를 타이핑한다. 2진법으로 나타내면 지나치게 길어지기 때문에 16진법으로 나타내고 있지만 기계 자신이 그것을 2진법으로 고쳐 준다. 그리고 나서 오퍼레이터는 책상 위에 있는 파넬의 누름단추를 누른다. 계산기는 테이프의 184개의 명령에 따라서 최초의 수가 소수인지 어떤지의 테스트를 개시한다.

선정된 최초의 수는 메르센이 소수라고 말한 11개의 수 중의 최대의 것, 즉 $2^{257}-1$이었다. 이것보다 20년 전에 레머는 이 수를 테스트하여 이것이 소수가 아니라는 것을 찾아내고 있는 것이지만 그는 테스트를 하는 데에 매일 2시간씩 소비해서 1년간이나 걸렸다. 마침 이날 저녁, 그 당시 수치해석 연구소의 주임이었던 레머는 이 방에 있었다. SWAC는 레머가 몇 백 시간이나 소비하여 얻은 답 '$2^{257}-1$은 소수가 아니다'를 몇 분의 1초 동안에 출력시켜 버렸다.

SWAC는 거듭 리스트에 올라 있는 수의 테스트를 계속하였다. 400년 전에 메르센은 '20자리나 되는 수를 테스트하려면 남은 전

생애를 소비해도 부족하다'라고 한탄하였다. 그는 루카스와 같은 손쉬운 방법도 전자계산기도 몰랐기 때문에 무리가 아니다. SWAC는 루카스의 방법에 의해서 하나하나 착실하게 테스트를 계속하여 42개를 처리하였다(최소의 것이라도 80자리나 된다). 그러나 어느 것도 소수는 아니었다!

그러나 그날 밤 10시, 기다리고 기다리던 순간이 다가왔다. 계산기로부터는 135개의 0이 차례로 흘러나왔다. 테스트에 합격한 수는 $2^{521}-1$이고 이것이 75년만의 메르센 소수였다. 이것으로부터 만들어지는 완전수는 $2^{520}(2^{521}-1)$이다.

이와 같이 하여 1952년 1월 30일의 한밤중의 약 2시간 동안은 $2^{521}-1$은 그때까지 알려진 마지막 최대의 소수라는 영예를 안고 있었으나 그것도 한순간의 일이었고 계산기는 또 많은 0을 계속해서 토해 내서 보다 큰 소수가 나타난 것을 알렸다. 계속되는 수 개월 동안에 이 한계는 극복되어 그후 거듭 4개의 소수가 추가되었기 때문에 결국은 이렇게 하여 17개의 완전수를 안 것이 된다. 또 새로운 13번째의 메르센 소수를 테스트하는 데는 SWAC조차도 거의 1분간이 소요됐다. 이것은 한 사람의 인간이 쉬지 않고 1년간 계속해서 일하는 것에 상당한다. 17번째의 마지막 소수에 도달한 것은 SWAC로도 1시간 걸렸는데 이것을 사람의 손으로 하면 일생의 작업일 것이다.

17개의 완전수는 다음과 같다[그후 137페이지에 들은 7개가 추가되었다].

$$2(2^2-1)$$
$$2^2(2^3-1)$$

$$2^4(2^5-1)$$
$$2^6(2^7-1)$$
$$2^{12}(2^{13}-1)$$
$$2^{16}(2^{17}-1)$$
$$2^{18}(2^{19}-1)$$
$$2^{30}(2^{31}-1)$$
$$2^{60}(2^{61}-1)$$
$$2^{88}(2^{89}-1)$$
$$2^{106}(2^{107}-1)$$
$$2^{126}(2^{127}-1)$$
$$2^{520}(2^{521}-1)$$
$$2^{606}(2^{607}-1)$$
$$2^{1278}(2^{1279}-1)$$
$$2^{2202}(2^{2203}-1)$$
$$2^{2280}(2^{2281}-1)$$

1373자리의 완전수

현재 아직 테스트 되어 있지 않은 최소의 메르센 수는 $2^{2309}-1$ 이다. 그러나 이 수보다도 $2^{8191}-1$의 테스트 쪽이 훨씬 흥미있다. 그 이유는 이 수의 지수 그 자신이 메르센 수($2^{13}-1=8191$)이고 게다가

'지수가 메르센 수인 메르센 수는 소수이다'

라는 예상이 있었기 때문이다. 이 예상이 최초의 4개에 대해서는 성립한다는 것은 이전부터 알고 있었다(2번째의 메르센 수의 지

컴퓨터 ILLIAC

수 3은 2^2-1, 다음의 7은 2^3-1, 31은 2^5-1, 127은 2^7-1로 정확히 그렇게 되어 있다).

최근 일리노이 대학의 전자계산기 ILLIAC가 테스트한 바에 따르면 $2^{8191}-1$은 합성수이므로 이 매우 흥미있는 예상은 깨졌다. ILLIAC가 이 계산을 하는 데에는 100시간이나 걸렸다고 한다.

앞 페이지의 표에 들은 최대의 완전수 $2^{2280}(2^{2281}-1)$ 은 SWAC가 1952년에 발견한 것으로 울러에 따르면 다음 페이지와 같은 1373자리의 수이다.

그리고 6이 정확히 그 약수의 합이 $1+2+3$으로 되어 있는 것처럼 이 굉장한 수도 역시 그 모든 약수의 합과 같다.

그러나 얼마만큼 많은 완전수가 있는 것일까. 그것은 유한개인 것일까, 또는 무한개인 것일까.

유클리드가 제출한 과제는 아직도 안개 속에 숨겨진 채로 남아 있다.

994	97054	33708	64734	42435	20260	45228
16989	64386	35711	26408	51177	40205	75773
84392	63555	29178	68662	94981	51336	41650
25166	45641	69951	68131	40394	89794	06365
61646	54594	77532	32301	45360	35832	23268
08561	36472	33768	08164	57276	69037	39438
56965	22820	30153	58880	41815	55951	34080
36145	12387	05843	25525	81395	04871	09647
77074	38273	62571	82287	05676	43040	18472
31158	25645	59038	63133	77067	11263	81492
53171	84391	47800	65137	37344	62224	06322
95356	91247	71480	10136	31809	66448	09988
22924	53452	39542	82708	75732	53631	15392
66115	11649	07049	40164	19241	77449	19250
00089	47274	07937	22982	93005	78253	42788
44943	58459	94953	52318	19781	36144	96497
79252	94809	99098	21642	20748	55148	05768
28811	55834	09148	96987	57905	23961	87875
31249	72861	17994	42346	41016	96001	18157
88847	43661	01927	04551	63703	44725	52319
82033	65320	14561	41202	88204	92176	94041
83770	74274	38914	99243	03484	94544	61051
21267	53806	15832	99291	70797	23788	07395
01603	07654	40655	60175	91093	70564	52264

79891	56121	80427	30122	66011	78345	11022
30081	38040	19513	83582	98714	95782	29940
81818	15140	46314	81931	32063	21375	97333
67850	23565	44310	13056	33127	61023	05495
88655	60595	13323	51485	64175	75426	11227
10807	32633	89434	40959	59768	35137	41218
70253	49639	50440	40616	54653	75534	91626
80629	29055	16441	53382	76068	18622	94677
41498	90474	91922	79570	72109	20437	81113
67127	94483	49643	73559	80833	46332	95928
38140	15780	31820	55197	82170	27392	06310
97100	62603	83262	54290	00440	72533	19613
77965	52746	43905	17609	40430	08237	56411
50129	81796	01830	28081	01097	87809	02441
73368	09777	14813	54343	87525	46136	37567
51399	15776.					

위에서 설명한 것처럼 1952년에 완전수의 벽이 돌파되고 나서부터 많은 완전수가 추가되었다. 이 책의 교정 중에 $2^{11212}(2^{11213}-1)$이 완전수라는 것이 발견되어 있다. 현재로서는 이것이 최대이다! 133페이지의 표의 계속을 기록해 두자.

$2^{3216}(2^{3217}-1)$ 리젤(1957년)

$2^{4252}(2^{4253}-1)$ 후루비츠(1961년)

$2^{4422}(2^{4423}-1)$ 〃   〃

$2^{9688}(2^{9689}-1)$ 지리즈(1964년)

$2^{9940}(2^{9941}-1)$ 〃   〃

$2^{11212}(2^{11213}-1)$ 〃   〃

$2^{19936}(2^{19937}-1)$ 다카만 (1971년)

$2^{21700}(2^{21701}-1)$ 니켈, 놀 (1978년)

마찬가지로 오래된 문제

완전수만큼 오래되지는 않지만 역시 옛날부터 전해지고 있는 것으로서 우애수(友愛數)라는 것이 있다. 이것은 그 각각이 상대방의 수의 약수(1도 약수에 넣는다)의 합으로 되어 있는 1조의 수를 말한다. 이러한 조는 현재 많이 알려져 있다.

오일러도 64조의 우애수를 발표하였으나 그중의 2조는 잘못이라는 것을 뒤에 알았다. 그러나 옛날 사람은 1조밖에 알고 있지 않았고 그것을 완전조화의 표식으로 간주하고 있었다. 이 한쪽이 220이라 하면 상대방의 수는 몇일까?

(답은 223 페이지에 있다)

7의 이야기

자와 컴퍼스만을 사용해서 정6각형까지는 작도할 수 있는데 정7각형은 작도할 수 없다. 이 벽을 경계로 '정다각형의 작도'라는 드라마가 기원전의 그리스에서 막을 열고 이윽고 그 무대를 프랑스, 러시아로 옮겨 가서 페르마, 오일러, 가우스가 등장한다.

7은 고독한 수

7이라는 수는 1에서 10까지의 10개의 수 중에서 특히 독특한 수로서 옛날부터 주목되어 왔다. 그 이유는 6, 8, 9, 10은 2, 3, 5라는 소수로부터 만들 수 있는데 7은 1 이외의 어떠한 수로부터도 만들 수 없고 또 10까지의 사이의 어떠한 수도 7로부터 만들어질 수 없다는 점이다.

어떤 고대의 철학자는 다음과 같이 말하고 있다.

"이러한 이유로 옛날의 철학자는 어머니를 가지지 않는 이 수를 주피터의 머리에서 튀어나왔다고 신화가 전하고 있는 성처녀(聖處女)에 비하고 있고 피타고라스 학파의 사람들은 7은 만물의 지배자이다라고 말하고 있다."

만일 이 철학자가 이러한 수점(數占)의 이야기가 아니고 더 수학적으로 생각하였다고 하면 7이 어째서 독특한 수인가라는 이유를 누구라도 납득할 수 있도록 설명할 수 있었다고 생각한다. 예컨대 다음과 같이 말하면 어떠할까.

'처음 10개의 수 중에서 2의 거듭제곱보다도 하나 많다라는 형태가 아닌 소수는 7뿐이다'

또 다음과 같이 말해도 된다.

'자와 컴퍼스만이라는 전통적인 방법으로 그릴 수 없는 최초의 정다각형은 7각형이다'

이 두 가지 특징은 전혀 관계가 없는 것처럼 생각되지만 실은 완전히 뜻밖의 관계가 있고 이 발견의 이야기는 수의 역사 속에서도 가장 흥미있는 드라마의 하나라고 할 수 있을 것이다. 거기서는 제1급의 수학자의 이름이 몇 개나 등장한다.

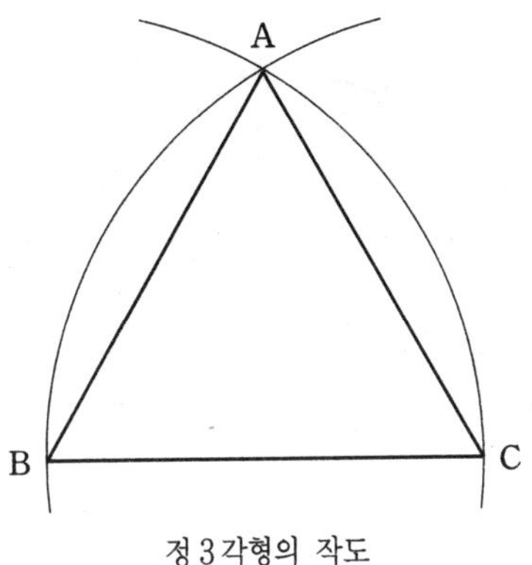

정 3 각형의 작도

또 여느 때와 마찬가지로 이야기는 그리스로부터 시작된다.

이미 몇 번이나 이야기한 것처럼 그리스인에게 수는 또한 형태이기도 하였다. 그들은 3은 정 3 각형, 4는 정 4 각형, 5는 정 5 각형, …, 이라는 식으로 수를 도형으로 생각하였다.

그러면 이들의 다각형을 그리는 문제인데 어떠한 이유인지 그리스인은 작도의 도구를 자와 컴퍼스로 제한하고 또 기하학의 원리에 따라서 설명할 수 있는 사용법밖에 인정하지 않았다. 그 무렵의 가장 유명한 작도의 문제는

임의의 각을 3등분하는 것

어떤 정육면체의 2배의 부피의 정육면체를 만드는 것

원을 그것과 같은 넓이의 정사각형으로 고치는 것

의 세 가지이다. 오늘날에는 자와 컴퍼스만으로는 이 세 가지의 어느 것도 작도할 수 없음을 알고 있다 —— 자와 컴퍼스 이외의 도구를 사용하면 이 세 가지의 작도는 모두 가능하다 ——(그것은 수학적으로 말끔히 증명되어 있는 것이지만 오늘날에도 이 세 가지 중의 하나라도 성공해서 수학사에 이름을 남기려고 꿈꾸는 학

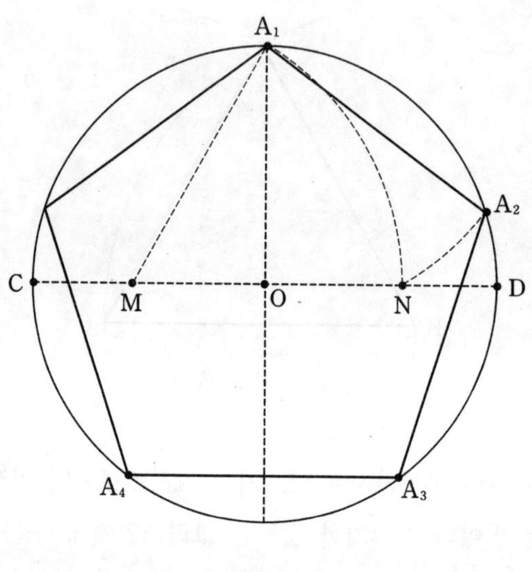

정 5 각형의 작도

생이나 일반 사람들이 때로 나타난다) .

정다각형을 자와 컴퍼스로 작도하려고 하는 문제는 이것과 조금 다르다. 할 수 있는 다각형도 있는가 하면 할 수 없는 다각형도 있다. 이것을 판정하는 이론을 19세가 되기 전에 발견해서 수학의 길로 나아갈 결심을 한 천재가 있었다. 그러나 이것은 그리스보다도 훨씬 뒤의 이야기다.

그리스인은 자와 컴퍼스만을 사용해서 원의 직각으로 교차하는 2개의 지름 사이의 각을 2등분하여 이 원에 내접하는 정사각형을 작도하고 이 각을 거듭 2등분하여 정 8 각형을 작도하였다. 이 방법을 계속해 가면 변의 수가 2의 거듭제곱인 정다각형은 모두 작도할 수 있다.

그들은 또 먼저 정 6 각형과 정 10 각형을 작도하고 나서 그것들을 조합시킨다는 매우 번거롭게 멀리 돌아가야 하는 방법으로 정3각형과 정5각형도 작도했다. 이들 여러 가지 정다각형을 조합시키면 거듭 많은 것을 작도할 수 있다.

이러한 까닭으로 변의 수가 소수인 정다각형의 작도만을 생각하면 되는 것이다. 그리스인은 소수 2, 3, 5까지는 잘 할 수 있었으나 7에서 막혀 버렸다. 작도 가능한(변의 수가 소수인) 정다각형은 5각형으로 끝나는 것인가. 그렇지 않으면 더 앞으로 진행할 수 있는 것일까. 앞으로 진행할 수 있었다 해도 언젠가는 끝이 되는 것일까. 연달아 의문이 생긴다. 이들 의문이 해결된 것은 그로부터 2000년이나 뒤의 일이었다.

페르마 수

이와 같이 하여 '정다각형의 작도' 라는 드라마는 그리스도 기원전 그리스에서 그 막을 열었다. 그 후 제1막 제2장은 프랑스에서 제2막은 러시아에서 열렸던 것인데 이들 구경꾼 속에 바로 뒤에 제2장이 열리는 것을 예상한 사람은 없었을 것이다. 이 제2장의 주역이야말로 이제부터의 이야기의 주인공 페르마이다 —— 사실을 말하면 딱하게도 이것은 실패의 역할인 것이지만 ——.

페르마는 정다각형의 작도의 문제를 조금 벗어나서 소수를 나타낸다고 생각되는 특수한 형태의 정수에 흥미를 가졌다. 그보다 이전부터도 소수를 탄생시키는 특별한 형태의 정수를 발견하는 것은 언제나 많은 수학자가 지향한 목표였다. 그중에서도 페르마의 예상은 가장 확실한 것처럼 생각된 것이지만 이 예상도 또 잘못이라는 것을 알게 되었다. 그 때문에 그의 이름을 붙인 **페르마 수**는 그 실패의 영원한 기념비가 되어 버렸다.

그런데 이 대수학자가 발표한 예상은

'n이 2 의 거듭제곱일 때 2^n+1 이라는 형태의 정수는 하나의 예외도 없이 모두 소수를 나타낸다'

라는 것이었다. 몇 개를 확인해 보자.

$$2^{2^0}+1=2+1=3$$
$$2^{2^1}+1=4+1=5$$
$$2^{2^2}+1=16+1=17$$

이고 확실히 그렇게 되어 있다. 이제부터는 F 의 오른쪽 아래에 2 의 거듭제곱을 보이는 수를 작게 적어서 이들의 수를 각각 F_0, F_1, F_2 라고 나타내기로 하자. 즉

$$F_n=2^{2^n}+1$$

페르마는 이들에 계속되는 2개의 수 $F_3=257$, $F_4=65537$ 을 조사해 보고 모두 소수라는 것을 발견하여 점점 자기의 신념을 굳힌 것이나 역시 그 다음의 수의 체크는 단념하지 않을 수 없었다. 그 이유는 F_5 라고 간단히 적어도 이것은

$$F_5=2^{2^5}+1=4294967297$$

이라는 40억 이상의 수가 되어 버렸기 때문이다.

페르마는 F_5 의 약수를 발견하려고 여러 가지로 시도해 보았다 (1640년에 '절대 확실하다고 생각되는 증명에 의해서 매우 많은 약수의 후보자를 제외시킬 수 있었다' 라고 적고 있다). 그리고 드디어 다음과 같이 결론을 내렸다.

'F_5 는 소수이다. 그리고 F_5 보다 뒤의 F_n 도 모두 소수이다'

(페르마는 수학자였기 때문에 '…라고 생각한다' 라고 마지막에 사전양해를 구하고 있지만). 이들의 수에는 페르마 수라는 이름이 붙여지고 있다.

그런데 처음의 5개의 페르마 수는 소수이고 게다가 5번째의 페르마 수는 40억을 넘는 큰 수이므로 독자 중에는 '이것으로 페르마 수는 모두 소수인 것이 확실하다' 라고 생각하는 사람이 있을지도 모른다. 그러나 이것은 잘못이다. 수학자에게 있어서는 몇 개의 샘플을 조사한 것만으로는 최종적인 결론은 되지 않는다.

(수학 이외의 실증적인 과학에서는 5개로는 적다 해도 아무튼 상당히 많은 샘플을 조사해서 얻은 결론은 옳다고 간주되는 일도 있으나 수학은 이것으로는 안되는 것이다. '물리학자는 모든 홀수는 소수이다라는 증명을 한다' 라는 우스개 이야기가 있다. 우선 1은 1과 그 자신 이외에는 나누어 떨어지지 않으므로 소수이다. 다음으로 3도, 5도, 7도 소수임을 확인한다. 이것도 쉽다. 다음의 홀수 9는 어떠할까. 이것은 3으로 나누어 떨어지는 것이 아닌가. 그렇다. 그러나 이것은 예외다! 다음의 11도 13도 소수가 아닌가. 그래서 '9 이외의 홀수는 모두 소수' 라는 것을 알았다.)

추리와 발견

수학자의 주장은 증명을 하지 않으면 안된다. $2^{2^t}+1$의 형태의 수가 소수라는 것을 이 형태의 특징 바로 그것을 사용해서 증명하지 않으면 안된다. 그런데 이 주장을 부정하려면 $2^{2^t}+1$의 형태로, 게다가 약수를 갖는 것 같은 수를 하나라도 찾으면 되는 것이다.

페르마의 '매우 많은 약수를 없앨 수 있었다' 라는 주장으로부터 100년 후에 틀림없이 이것을 실행한 사람이 나타났다. 그것은 페테르부르크 궁정의 수학자 오일러이다. 오일러의 이름은 이전에도 나온 일이 있었는데 그는 수학의 미해결 문제를 보는 것이 싫었던 것 같다. 오일러는 페르마의 결론은 잘못일 것이라고 예상한 것 같고 F_5의 약수를 실제로 찾는 작업을 시작했다. 오일러는 우선 F_t의 약수가 혹시 있다면 그것은 $2^{t+1}k+1$이라는 형태일 것이다라는 것을 증명하였다. 그래서 F_5의 약수로서는

$$2^{5+1}k+1=64k+1$$

이라는 형태의 수만을 조사하면 된다는 것으로 된다.

이것으로 작업은 매우 편해졌다. 이 약수의 후보자의 첫 부분을 적어 보면

$$65, \ 129, \ 193, \ \cdots, \ 577, \ 641$$

등이다. 오일러는 이것들을 순차로 시험해 보고 마침내 641로 $F_5=4294967297$이 나누어 떨어지는 것을 발견하였다. 이와 같이 하여 페르마의 예상은 깨져 버렸다.

이것으로 페르마 수라 하는 것이 흥미가 완전히 없어졌는가 하면 그렇지는 않다. 소수인지 아닌지라는 것과는 별개로 다음과 같은 문제가 있다. 2의 거듭제곱은 끝없이 계속되는 것이기 때문에 페르마 수도 물론 끝없이 있는 것이지만 이들 무한히 있는 페르마 수의 2개 이상을 나머지 없이 나누는 공통의 약수는 없다는 것을 알고 있다. 그래서 소수가 아닌 페르마 수는 그 밖의 페르마 수의 약수는 아닌 소수의 약수를 갖고 있다. 이 사실을 사용하면 소수는 무한히 있다는 유클리드의 정리의, 앞에서 보인 것과는 별개의

증명을 할 수 있다(이 증명은 폴리야가 하였다. 또한 폴리야가 쓴 『어떻게 하여 문제를 푸는가』라는 책은 매우 재미있고 도움이 되는 책이다. 꼭 읽어보면 좋겠다).

가우스의 정 17 각형

오일러의 다음에 소수인 페르마 수를 찾기 위해 많은 수학자가 수고를 하였는데 이 밖에도 재미있는 문제가 많이 있다.

그런데 1801년에 독일에서 어떤 작은 책이 출판된 것이 계기가 돼서 드라마의 제3막이 열렸다. 그리스로부터 2000년, 페르마로부터 150년 뒤의 일이다. 이 작은 책은 5개의 페르마 수에 대해서 다룬 것인데 의외인 것은 그것이 예부터의 정다각형의 작도와 서로 손을 잡고 나타난 것이었다.

이 책의 젊은 저자 가우스는 수론의 역사 속의 어느 사람보다도 훨씬 빼어난 수학자이고 고래로부터의 대수학자의 베스트 3에 올라 있다(그 밖의 두 사람은 아르키메데스와 뉴턴). 1801년 가우스가 24세 때 쓴 이 책은 『수론』이라는 표제가 붙여져 있다. 이 내용의 대부분은 가우스가 18세에서 21세까지의 사이에 한 연구를 정리한 것인데 이 기간이야말로 가우스의 결실이 풍부한 생애 중에서도 가장 결실이 풍부한 시기였다고 일컬어지고 있다. 이 책은 그 당시 전혀 체계가 없었던 수론을 말끔히 조직화하는 것을 목적으로 한 것이었다.

가우스는 이 책의 제7장에서 정다각형의 작도의 문제를 채택하였다. 그 당시의 사람들은 수론의 책 속에 기하학의 문제가 채택된 것에 매우 놀랐던 것이지만 나중에 차츰 이야기하는 것처럼 정

가우스 (1777~1855)

독일 브라운슈바이크의 가난한 집안에서 태어났으나 어렸을 적부터 수학적인 천재성을 보였다. 괴팅겐 대학을 졸업했다. 『대수학의 기본정리』의 증명으로 학위를 취득하고 괴팅겐 대학 교수 겸 천문대장이 되고 평생 여기에 있었다. 수학의 거의 온갖 분야 및 천문학, 전자기학 등으로 불후의 업적을 남겨 '수학의 제왕'이라고 부르기에 걸맞다.

다각형의 문제를 수론에서 채택하는 것은 전적으로 걸맞는 것이었
다.

가우스의 방법을 상세히 설명하는 것은 이 책의 범위를 넘어서
기 때문에 여기서는 언급하지 않지만 간단히 말하면 '자와 컴퍼스
로 작도할 수 있는 선분은 4칙연산과 제곱근연산을 조합시켜서
대수적으로 나타낼 수 있는 것뿐이다' 라고 하는 것, 그리고 자와
컴퍼스로 작도할 수 있는 정다각형의 변의 수는 $2^{2^t}+1$의 형태에
한한다는 것 즉 페르마 수 이외에는 없다는 것을 증명한 것이었다
(오어의 『수론과 그 역사』 속에 매우 멋진 설명이 실려 있다).

그래서 자와 컴퍼스만을 사용해서 작도할 수 있는 정n각형은
(1) n은 2의 거듭제곱이다.
(2) n은 페르마 수이다.
(3) 이 2종류의 수의 곱이다.
의 경우에 한정된다.

그 결과 작도가능한 다각형의 리스트에 거듭 다음의 3개가 부
가 되었다.
정17각형 $(n=F_2)$
정257각형 $(n=F_3)$
정65537각형 $(n=F_4)$

가우스는 그 후 무수한 수학적 업적을 올렸는데 언제나 젊었을
때의 이 작업을 자랑으로 삼고 있었다. 언어학자가 될까 수학자가
될까하고 갈피를 못잡고 있었던 가우스가 수학자가 될 것을 결심
한 것은 실로 이 정다각형 작도법의 발견이었을 것이라는 설이 있
다. 또 아르키메데스의 묘석에 원기둥에 내접하는 구(球)의 그림

—— 아르키메데스는 구의 부피를 구하는 공식을 발견하였다 ——
이 새겨져 있는 것처럼 가우스는 자기의 묘석에 정17각형의 그림
을 새겨 놓도록 유언을 하였다는 이야기도 있다(실제로는 이것은
새겨져 있지 않지만 가우스가 태어난 고향인 브라운슈바이크 시내
의 기념비에는 정말 정17각형의 그림이 새겨져 있다).

가우스는 앞에서 말한 책 속에서 다음과 같이 말하고 있다.

"원둘레를 3등분 또는 5등분하는 방법은 그리스 시대부터 알려
져 있었는데도 그 후 2000년 동안이나 작도가능한 정다각형을 이
것 이상 발견할 수 없었던 것은 매우 불가사의하다. 거의 모든 기
하학자가 이 2종류(및 그것들로부터 용이하게 유도할 수 있는 것)
이외에는 작도가능한 것은 없다고 믿고 있었던 것이다."

작도불능인 다각형

그러나 이 위대한 가우스조차도 정65537($=F_4$)각형이 작도가능
한 최후의 정다각형인지 어떤지는 결정할 수 없었다. 하기는 이
문제는 'F_4는 $2^{2^t}+1$이라는 형태의 마지막 소수인가. 더 있다고
하면 그것들은 유한개인가 무한개인가'라고 하는 페르마 수에 관
련된 몇 갠가의 문제가 해결되지 않는 동안은 대답할 수 없는 것
인지도 모르지만.

가우스의 『수론』의 발표는 페르마 소수에 새로운 의미를 부여
한 것이지만 그 결과 페르마 소수의 연구가 또 클로즈업되어 왔
다. 1640년에 페르마가 예상하고 나서부터 페르마의 수 중에서
F_4부터 다음의 소수는 아직 발견되어 있지 않다. 현재까지 소수
가 아닌 페르마 수를 15개만 알고 있다(따라서 이들의 변의 수를

가지는 정다각형은 자와 컴퍼스로는 작도불능이다). 다음으로 그
리스트를 실어 둔다.

페르마 수

— 합성수라는 것을 알고 있는 것(1954년) —

발견의 순서	발견된 해	크기의 순서
F_5	1732년	F_5
F_{12}	1877년	F_6
F_{23}	1878년	F_7
F_6	1880년	F_8
F_{36}	1886년	F_9
F_{11}	1899년	F_{10}
F_9	1903년	F_{11}
F_{18}	〃	F_{12}
F_{38}	〃	F_{15}
F_7	1905년	F_{16}
F_{73}	1906년	F_{18}
F_8	1909년	F_{23}
F_{15}	1925년	F_{36}
F_{10}	1952년	F_{38}
F_{16}	1953년	F_{73}

이 표를 보면 합성수인지 어떤지를 모르고 있는 최소의 페르마
수는 $F_{13}=2^{8192}+1$ 이다('6의 이야기'의 장에서 설명한 메르센 수
$2^{8192}-1$ 이 소수인지 어떤지를 테스트하는 데에 고속 전자계산기
를 사용해도 100시간이나 걸린다 —— 이것은 탁상계산기의 600
년에 상당한다 —— 라는 것을 상기하기 바란다).

F_{38} 이라든가 F_{73} 과 같은 터무니없이 큰 페르마 수의 특징을 알고 있는데도 그것들에 비하면 훨씬 작은 F_{13} 에 대한 것을 모르고 있는 것은 어떠한 이유일까. 그 이유는 간단하다. 어떤 수가 합성수인지 어떤지를 테스트하는 데는 별개의 수학적 연구로부터 그 수의 약수의 후보자를 조사하여 그것을 하나하나 시험해 가는 것인데 이 후보자가 작을수록 쉽다.

예컨대 14997의 인수분해가 이것보다도 작은 8633의 인수분해보다도 쉽다. 전자의 최초의 후보자는 3이지만 후자의 최초의 후보자는 89이다.

최대의 페르마 합성수

최대의 페르마 합성수인 F_{73} 은 아마 인류가 다룬 가장 큰 수일 것이다. 이것을 10진법으로 나타내서 인쇄하였다고 하면 세계에 있는 도서관에는 들어가지도 않을 것이다(이 재미있는 어림잡음은 보올의 『수학의 레크리에이션』에 따른다. 이 책은 고전적인 명저이다).

그러나 다행하게도 F_{73} 을 인수분해하는 데에 이와 같이 낱낱이 열거하여 적어 볼 필요는 없다. 가우스의 연구가 거듭 개량된 결과 F_t 의 약수의 후보자는 $2^{t+2}k+1$ 의 형태라는 것을 알았다. 이것은 146페이지의 $2^{t+1}k+1$ 보다도 훨씬 좋다. 후보자의 개수가 대폭 줄기 때문이다. 그래서 F_{73} 의 약수의 후보자는 $2^{75}k+1(k=1, 2, \cdots)$ 의 형태라는 것, 그리고 이 k 는 5 이상이라는 것을 알고 있으므로 $2^{75} \cdot 5 + 1$ 부터 시작하면 된다. 그리고 실제로 이것이 약수로 되어 있는 것이다. 이것을 안 것은 100년 전이지만 F_{13} 에 대해서는 이와 같은 실마리가 없기 때문에 아직 모르고 있다.

F_{13}이 합성수인지 어떤지, 또 페르마 소수가 유한개인지 어떤지, 이것들은 매우 어려운 문제여서 가까운 장래에 해결될 수 있다고는 생각되지 않는다.

이를 위해서는 수학적 보조수단을 더 잘 단련시킬 필요가 있다. 위대한 가우스조차도 정7각형의 작도는 할 수 있었지만 정65537각형은 해결할 수 없었다.

저자의 주의 : 이 장을 쓴 다음 F_{13} 과 F_{14} 가 합성수인 것을 알았다. 합성수라는 것을 알고 있는 최대의 페르마 수는 F_{1945} 이다.

이러한 까닭으로 정다각형의 작도와 페르마 소수와의 관계에 대한 이야기는 다 끝난 것은 아니다. 잠깐 쉬고 있을 뿐이다. 이 이야기 중에는 지금까지의 제1급의 수학자의 이름이 빛나고 있으나 아직도 새로운 이름을 넣을 여지는 많이 남겨져 있다.

어떤 도전

메르센 수와 페르마 수는 어느쪽도 실패한 수학자의 이름이 붙어 있다는 점에서 닮고 있지만 그 밖에도 닮고 있는 점이 많이 있다. 그것들은 각각 2^n-1, 2^n+1 이라는 형태이고 n 에는 어떤 제한이 붙어 있다. 그것들을 인수분해할 수 있는지 어떤지를 테스트하기 위해 10진법으로 전부의 숫자를 적어 배열해 볼 필요는 없다. 다음의 문제를 생각해 보면 이러한 것들을 더 잘 이해할 수 있다고 생각한다.

문 제

s를 임의의 양정수라 할 때 x^s-1은 $x-1$로 나누어 떨어지고 s가 홀수라면 x^s+1은 $x+1$로 나누어 떨어진다. 다음과 같은 식이다.

$$x^2-1=(x-1)(x+1)$$
$$x^3-1=(x-1)(x^2+x+1)$$
$$x^3+1=(x+1)(x^2-x+1)$$
$$x^4-1=(x-1)(x^3+x^2+x+1)$$
$$x^5-1=(x-1)(x^4+x^3+x^2+x+1)$$
$$x^5+1=(x+1)(x^4-x^3+x^2-x+1)$$

$$\cdots\cdots \quad \cdots\cdots \quad \cdots\cdots$$

이러한 것으로부터 모든 s의 값에 대해서 $2^{rs}-1=(2^r)^s-1$은 2^r-1로 나누어 떨어지고 s의 홀수의 값에 대해서 $2^{rs}+1=(2^r)^s+1$은 2^r+1로 나누어 떨어진다라는 중요한 결과가 얻어진다. r과 s에 특별한 값을 넣어 보면

$$255=2^8-1=(2^4-1)(2^4+1)=15\times17$$
$$511=2^9-1=(2^3-1)(2^6+2^3+1)=7\times73$$
$$513=2^9+1=(2^3+1)(2^6-2^3+1)=9\times57$$

이 사실을 이용해서 $2^{12}-1=4095$ 및 $2^{12}+1=4097$의 인수를 찾아보면 재미있다고 생각한다. 또 2^n-1 및 2^n+1의 형태의 수로 위의 규칙이 들어맞지 않는 경우를 조사해서 이들의 수가 소수인 것은 어떠한 경우인가를 생각해 보면 좋다.

(답은 224페이지에 있다)

8의 이야기

　　재미있는 수의 이야기도 차츰 진전되어 왔다. 이
장에서는 세제곱수의 이야기를 하자. 여기에도 매우
간단한 것처럼 보여도 해결에는 긴 세월이 소요된 문
제가 몇 개나 있다. 이와 관련하여 젊어서 세상을 떠
난 인도의 천재 수학자 라마누잔의 에피소드, ……

8은 최초의 세제곱수

'8'이라는 수의 가장 흥미있는 특징은 그것이 최초의 세제곱수라는 점이다. 세제곱수라는 것은 같은 수를 3개 서로 곱한 것으로 그리스인은 이것에 '정육면체 형태의 수'라는 기하학적인 이름을 붙인 것인데 그때 이래 정수론의 역사에는 매우 어려운 문제가 들어와 버렸다.

제곱수의 경우와 마찬가지로 세제곱수에 대해서도 다음의 2종류의 문제를 생각할 수 있다.

(1) 세제곱수를 어떤 정해진 방법으로 그 밖의 몇 갠가의 자연
　　수의 합으로 나타내는 것

(2) 역으로 자연수를 몇 갠가의 세제곱수로 나타내는 것

제1의 문제는 이미 1세기가 시작되는 무렵 니코마코스의 『산술입문』이라는 책 속에서 연구되었다. 이 책은 처음으로 산술을 기하학으로부터 끊어 분리해서 연구한 책으로서 알려져 있는 것이다. 니코마코스는 세제곱수는 언제나 연속된 홀수의 합으로 나타낼 수 있다고 서술하였다.

$$1^3=1=1$$
$$2^3=8=3+5$$
$$3^3=27=7+9+11$$
$$4^3=64=13+15+17+29$$

$$\cdots\cdots$$

와 같은 식이다.

이렇게 하여 (1)의 문제의 하나의 해답은 얻어졌다. 물론 이 밖

에도 여러 가지 표현방법은 있다고 생각한다. 그런데 자연수를 세제곱수로 나타낸다는 (2)의 문제는 매우 어렵다. 나중에 상세히 이야기하는 것처럼 하나의 문제가 풀렸다고 생각하면 또 다음의 난문이 튀어나왔다.

'어떤 그룹의 수를 그 밖의 그룹의 수로 나타낸다'라고 했을 때 그 표현방법에는 곱셈과 덧셈의 두 가지를 생각할 수 있다.

곱셈을 사용하면 참으로 간단하여 모든 자연수는 소수의 곱으로서 나타낼 수 있다. 자연수를 소수의 합으로 나타내려고 하면 매우 어려운 곤란에 부딪친다. 골드바하라는 러시아의 수학자는 1742년에 골드바하의 예상이라 불리고 있는 문제를 제출하였다. 그것은 '임의의 짝수는 2개의 소수의 합으로서 나타낼 수 있다'라는 것이다. 이 예상이 틀리다고 생각하는 사람은 거의 없지만 아직 해결되어 있지 않다.

1931년에 임의의 짝수는 30만 개보다 적은 소수의 합으로 나타낼 수 있다는 것이 증명되었다. 그 후 충분히 큰 홀수는 3개 이하의 소수의 합으로서 나타낼 수 있다는 것이 증명되었다. 따라서 충분히 큰 짝수는 4개 이하의 소수의 합으로 나타낼 수 있다. 이 '충분히 큰'이라는 것은 '어떤 정해진 수로부터 앞의 모든'이라는 의미이다.

덧셈을 사용하는 경우에는 자연수를 제곱수, 세제곱수 또는 더 높은 거듭제곱수로 나타내는 문제가 생긴다.

자연수를 세제곱수의 합으로 나타낼 때에 필요한 세제곱수의 개수는 수에 따라서 다르다. 예컨대 8은 단지 1개의 세제곱수 2^3으로 나타낼 수 있으나 23과 같은 수는 아무리 해도 9개가 필요하다. $2^3+2^3+1^3+1^3+1^3+1^3+1^3+1^3+1^3$ 이라는 식이다. 8의 경우도 0^3을 8개 보충해서 9개의 세제곱수로 나타낼 수 있다고 해도 된다. —— 그러나 어떠한 수라도 9개의 세제곱수로 나타낼 수 있는지 어떤지는 물론 모른다. 9개가 아니라 하더라도 유한개로 부족되지 않는다는 보증도 없다. 수가 커짐에 따라서 그것을 나타내기 위해 필요한 세제곱수의 개수가 끝없이 커지는 것 같이도 생각된다.

1772년까지는 이 문제를 진지하게 생각한 사람은 적었다. 모두 제곱수에 대한 것으로 머리가 가득 찼던 것이다. 이 해에는 제곱수에 대한 같은 종류의 문제 '모든 자연수는 4개의 제곱수의 합으로서 나타낼 수 있다'라는 이른바 4제곱정리가 증명되었다.

이 문제는 디오판토스도 생각하고 있었던 것 같으나 파체트에 의한 번역을 읽고 페르마가 이 문제를 알았다. 페르마는 4제곱정리를 일부분으로서 포함하는 더 일반적인 정리를 서술하여 이 증명을 할 수 있었다고 한다. 그 일반적인 정리라는 것은 '5의 이야기'의 장에서 언급한 일이 있는데 '모든 수는 1개, 2개 또는 3개의 3각수의 합이고 모든 수는 1개, 2개, 3개 또는 4개의 제곱수의 합이고 모든 수는 1, 2, 3, 4 또는 5개의 5각수의 합이고, 이하 마찬가지'라는 정리이다(109페이지). 페르마는 '매우 말끔한 증명을 착상했는데 여백이 좁아서 적을 수 없다'라 말하고 있다 (페르마는 책의 여백에 적어 넣는 버릇이 있었다).

따라서 이 말끔한 증명이라는 것은 페르마와 함께 죽어버린 것이었다. 오일러는 이 정리 속의 제곱수에 관한 부분을 40년에 걸쳐 연구하였지만 성공하지 못했다. 1772년에 라그랑주는 오일러의 연구를 기초로 해서 드디어 이것을 해결하였다. 라그랑주 (1736~1813)는 나폴레옹에 의해서 '수리과학 속에 우뚝 솟은 피라밋'이라고까지 칭찬받은 수학자이다. 라그랑주가 성공한 수년 후에 오일러는 그것보다도 더 간단하고 우아한 증명을 발견하였다. 오늘날 널리 알려져 있는 것은 이것이다.

워링의 문제

세제곱수와 쌍생아인 제곱수의 문제의 해결의 배후에는 이러한 긴 역사가 있기 때문에 세제곱수의 문제 즉 '임의의 자연수를 세제곱수의 합으로서 나타내는 데에 필요하고 동시에 충분한 개수는 몇 개인가'라는 문제도 쉽사리 해결될 것이라고는 생각할 수 없다.

오랫동안 과제였던 4제곱정리가 해결된 1772년에 세제곱수에 대한 하나의 문제가 제출되었다. 그것은 '모든 수는 4개의 제곱수, 9개의 세제곱수, 19개의 4제곱수로 나타낼 수 있다'라는 예상이고 이것을 제출한 것은 영국의 수학자 워링(1734~1798)이다. 이 사람에 대한 것은 '3의 이야기'의 장에서 윌슨의 소수 테스트의 부분에서 이름이 나온 일이 있는데 학위를 취득하기 전에 케임브리지 대학의 교수로 임명되었기 때문에 정부가 부랴부랴 학위를 주었다는 이야기가 전해지고 있다.

어떤 인명사전에 따르면 '한 사람의 인간의 성격 중에 허영과 겸허가 매우 복잡하게 결합된 사람'이었다고 한다. 유명한 수학사의 책을 쓴 벨은 '수학의 역사에 하나의 신기원을 이룬 문제의 하나'라고 하고 있으나 이 예상을 발견한 것은 그로서는 매우 행운인 것이고 워링은 수학자로서보다도 이 '워링의 문제'의 제출자로서 수학사에 불멸의 이름을 남기고 있는 것이다.

사실을 말하면 이 예상 중의 '9개'라는 수는 그렇게 중요하지는 않다. 이것은 조금 계산하면 쉽게 추측할 수 있기 때문이다. 1에서 100까지의 사이에서는 23만이 꼭 9개의 세제곱수를 필요로 하고 그 이외의 수는 8개 이하로 충분하다. 100의 다음을 조사해 보면 이럭저럭 239가 돼서 9개의 세제곱수가 나타난다.

워링이 위에서 언급한 예상을 한 이면에는 아마 이러한 시험적인 계산이 있었음에 틀림없다. 지금 와서 보면 이것은 매우 정곡을 찌른 예상이었지만 그러나 어디까지나 예상 이상의 것은 아니다. 계산만으로는 어디까지 시험해 보아도 필요한 세제곱수의 개수가 자꾸만 증가하는 것이 아닌가라는 불안이 남는다.

139년 후의 해답

그래서 워링의 정리의 증명을 생각하는 제1보는 필요한 세제곱수의 개수가(9개라는 숫자는 잠시 제쳐 놓고) 아무튼 유한개라는 것에 대한 증명이다. 이 개수를 $g(3)$ 이라 적자. 그렇게 하면 워링의 추측은

$$g(2)=4, \ g(3)=9, \ g(4)=19$$

라 적을 수 있다.

앞에서 말한 것처럼 $g(2)=4$ 는 라그랑주가 증명하였지만 $g(3)$에 대해서는 그후 100년 동안이나 그 값을 결정하는 것은 고사하고 유한이라는 것에 대해서조차 아무런 성과를 얻을 수 없었다.

그런데 1895년이 돼서 $g(3) \leq 17$ 이라고, 즉 모든 자연수는 17

개 이하의 세제곱수로 나타낼 수 있음을 증명할 수 있었다. $g(3)=17$이 증명된 것은 아니라는 것에 주의하기 바란다. 즉 '어떠한 큰 수일지라도 그것을 나타내는 데에 17개보다 많은 세제곱수는 필요 없다' 라는 것이지 필요최소한의 개수가 17개이다라는 것은 아니다. 바꿔 말하면 17개가 필요개수의 최대의 한계라는 것이 증명된 것이다.

그 후의 많은 수학자의 노력에 의해서 이 17이라는 수는 16, 15, … 라는 식으로 차츰 감소되어 가서 결국 $g(3) \leqq 9$라는 것을 증명할 수 있었다. 정확히 9개의 세제곱수가 필요한 경우가 있는 것은(23과 239에 대해서) 이미 알고 있는 것이므로 이것으로 $g(3)=9$라는 것이 결정된 셈이다.

이와 같이 최종적으로 해결된 것은 워링이 가설을 제출하고부터 실로 139년 뒤였다.

독자 중에는 다음과 같이 생각하는 분도 있을지 모른다. 훗날의 많은 수학자가 연구를 하여 100년이나 걸려서 겨우 증명할 수 있었던 것을 직관적으로 발견한 것이야말로 워링이 천재라는 증거다라고. 그러나 반드시 그렇다고도 할 수 없다. 추측하는 것은 쉽지만 증명하는 것은 매우 어렵다라는 것이 아마 자연수의 가장 흥미있는 특징이라고 말할 수 있기 때문이다.

영국의 수학자 하디는 워링의 문제의 연구에 많은 세월을 바친 사람인데 한때 다음과 같이 술회하였다.

"워링이 이 예상 —— 이것이 그가 수론에 공헌한 것의 모두이다 —— 을 하는 데에는 대단한 계산은 필요하지 않았을 것이다. 수론의 역사에는 증명이 굉장히 어려운 문제가 극히 손쉽게 예상된 예가 많다. 증명이야말로 문제인 것이다.”

워링의 문제의 역사에 대해서는 하디의 짧은 논문 「수론에 있어서의 몇 갠가의 유명한 문제, 특히 워링의 문제에 대해서」 및 레마 부인의 최근의 연구의 덕을 보았다. 하디는 현대의 수학자 중에서도 인용할 가치가 있는 책을 아주 많이 쓰고 있고 인용을 삼가하는데 고생할 정도이다. 흥미를 가진 분은 그가 쓴 『수학자의 변명』이라는 작은 책을 읽어 보면 좋다고 생각한다.

인도의 천재 라마누잔

$g(3)$의 값이 9라는 것이 최종적으로 결정된 것은 1909년인데 그로부터 거듭 이것과는 비교가 되지 않을 만큼 어렵고 해결에는 아마 1세기 이상 걸릴 것으로 생각되는 문제가 탄생했다. 이 해에 꼭 9개의 세제곱수를 필요로 하는 수는 유한개밖에 없다는 것은 증명된 것이나 ‘이러한 수는 23과 239만은 아닌가’라는 예상이 태어났다. 즉 239부터 앞의 수를 나타내는 데에는 고작 8개로 충분할 것이다라는 것이다. 재차 하디의 책에서 인용하자.

“9개의 세제곱수를 필요로 하는 수가 23과 239의 2개뿐이라고 하자(이것이 옳다는 것은 거의 확실하다고 생각한다). 이 기묘한 문제는 어떤 한 사람의 천재적인 수학자로서는 커다란 흥미를 끄는 것에 틀림없다.

라마누잔이 말한 것이지만 —— 그리고 그로서는 이것은 전적인 진리이나 ——, ‘모든 양의 정수는 모두 나의 친한 벗들인 것이다’

그런데 이 문제가 매우 깊은 수학의 진리를 포함하고 있다고 생각하는 것은 잘못이다. 조금 재미있는 색다른 문제라는 것뿐이다. 매우 흥미가 있는 것은 9라는 수가 아니고 8인 것이다."

라마누잔은 1920년에 32세의 젊은 나이로 죽은 인도의 천재적인 수학자인데 그에 대해서는 꼭히 적어 두고 싶은 에피소드가 있다. 하디에게 발견되어 영국으로 가기 전까지는 라마누잔은 정부 기관의 서기로서 독학으로 공부하고 있었는데 영국으로 옮기고부터는 불과 수년 동안에 하디와 라마누잔은 협력해서 훌륭한 연구를 완성하였다(그 내용은 여기서는 적을 수 없다). 라마누잔의 논문집의 서문에 하디가 다음과 같이 적고 있는 것은 매우 재미있다. 어느날 하디가 이 와병 중인 친구를 병문안 갔을 때에 자기가 탄 자동차의 번호 1729는 '별로 특징도 없는 수다'라고 하였더니 라마누잔은 즉각 다음과 같이 대답하였다.

"아니 그러한 일은 없습니다. 매우 재미있는 수입니다. 그것은 $1729=10^3+9^3=12^3+1^3$이라는 식으로 두 가지의 방법으로 2개의 세제곱수의 합으로 나눌 수 있는 최초의 수이니까요."

어떤 수보다도 앞의 모든 수를 나타내는 데에 필요한 세제곱수의 개수라는 새로운 문제를 연구하기 위해서 새로운 수학적 기호를 만들자. $g(3)$은 모든 수를 나타내는 데에 필요하고 동시에 충분한 세제곱의 개수를 나타내는 기호였으나 (23과 239와 같은) 유한개를 없앴을 때의 같은 의미의 개수를 $G(3)$으로 나타낸다(물론 $G(3) \leqq g(3)$이다). $g(3)=9$라는 것은 이미 증명이 끝났고 그리고 9개를 필요로 하는 수가 유한개라는 것도 알았으므로 $G(3) \leqq 8$이다.

이 '대문자 G'와 '소문자 g'의 구별은 워링의 문제와 관련시켜

라마누잔

생각되었던 것인데 그 밖의 종류의 문제의 연구에 도움이 된다. $g(s)$ 가 존재하면 $G(s)$ 도 존재하고 역으로 $G(s)$ 가 존재하면 $g(s)$ 도 존재한다. 그리고 문제는 '소문자 g' 의 값을 결정하는 것과 그 것보다도 작은 '대문자 G' 의 값을 결정하는 것의 2개이다.

$g(2)=4$ 이고 4개의 세제곱수를 필요로 하는 것은 $4^m(8n+7)$ 의 형태의 수뿐이지만 이 형태의 수는 무한히 있으므로 $G(2)$ 도 역시 4이다. 2에 대해서는 이것으로 완전히 알았다.

$G(3)$ 에의 끝없는 도전

워링이 낸 세제곱수의 문제는 1909년에 해결하였으나 그러나 수론의 역사에서 언제나 그러했듯이 하나의 문제가 해결되면 그것 으로부터 또 새로운 문제가 발생하는 것이다.

$g(3) \leq 17$ 은 상당히 개량되었기 때문에 수학자는 $G(3) \leq 8$ 을 개량하는 일에 노력을 집중하기 시작하였다. 40000까지의 수를

실제로 세제곱수의 합으로 나타내는 표를 만들어 보면 놀라운 것은 8개를 필요로 하는 수는 15개밖에 없고 그 밖의 모든 수는 7개로 충분하다는 것을 알았다. 8개가 필요한 수의 마지막은 454이고 454부터 다음 40000까지의 사이에는 8개를 필요로 하는 수는 하나도 없다.

워링의 문제의 이야기의 처음 부분에서 이미 본 것처럼 이러한 수계산(手計算)을 하면 문제가 되는 점이 짐작이 간다. 그래서 수학자들은 8개의 세제곱수를 필요로 하는 수는(9개의 경우와 마찬가지로) 유한개밖에 없다는 것의 증명을 목표로 공격을 개시하였고 바로 최근이 돼서 이것이 공략되었다. 즉 $G(3) \leq 7$이 확립되었다. 이 책을 쓰고 있을 때까지의 상황은 이러한 식이다.

그런데 40000까지의 표 속에는 7개의 세제곱수가 필요한 것은 121개밖에 없다. 그 마지막은 8042이고 이것부터 앞의 40000까지의 사이의 수는 6개의 세제곱수로 충분하다. 아마 $G(3) \leq 6$인 것은 아닐까.

현재 이것은 예상에 불과하고 증명은 되어 있지 않다. 그러나 어느날인가, 누군가에 의해서 이것이 증명되었다 해도 이것이 끝이 아니라는 것을 보여 주는 표가 곧 만들어질 것이다. 실제 6개의 세제곱수를 필요로 하는 수는 1000까지의 사이에는 202개나 있는데 100만의 다음의 1000개 사이에는 1개밖에 없고 앞으로 나아감에 따라서 차츰 드물어지는 것 같다.

이제까지 조사된 한도 내에서는 4개를 필요로 하는 수가 증가하는 한편 5개를 필요로 하는 수는 차츰 감소되어 가는 경향이 있다. 그러나 5개를 필요로 하는 수는 상당히 많이 있어 조금도 없어질 것 같지도 않다. 없어진다 해도 그것은 인간(전자계산기도 포함해서)의 계산능력을 훨씬 초월한 앞일 것이다. 그러나 표를 만들 수 있는지 없는지는 문제가 아니다. 계산기로 표를 만들어서 조사하는 것으로는 언제까지도 완전한 해결로는 되지 않고 인간의 두뇌에 의해서 증명되지 않으면 안된다.

세제곱수의 문제는 현재 가장 매력있는 문제의 하나이고 그중에서도 G(3)의 값을 결정하는 것은 매우 어려운 문제이다

세제곱수에 대한 별개의 문제

이제까지와는 별개의 문제를 들자. 이것은 틀림없이 종이 위의 계산으로 풀 수 있다고 생각한다. 그 각 자리의 수의 세제곱의 합과 같은 수가 정확히 4개 있다. 그것들은 몇인가?

(답은 224페이지에 있다)

9의 이야기

큰 수가 9로 나누어 떨어지는지 어떤지를 간단히 알려면……, 4칙계산의 답이 옳은지 어떤지를 재빨리 체크하려면……, 이제부터 설명하는 합동식이라는 것을 사용하면 이들에 대한 것을 간단히 알 수 있다. 또 대수학자 가우스가 절찬한 아름다운 정리도 소개하자.

9거(去)법

'9' 라는 수 자신이 가지고 있는 성질, 또 9와 그 밖의 수와의 관계를 보여 주는 성질의 대부분은 지금까지의 경우와 마찬가지로 이퀄 사인(equal sign, =)을 사용해서 표현된다. 그러나 이것과 다른 새로운 기호로 나타낼 수 있는 성질도 있다. 이것은 아주 옛날부터 흥미를 갖고 있었던 것이어서 '10의 어떠한 거듭제곱도 9로 나누면 1이 남는다' 라는 사실부터 시작된다.

이 기호는 19세기에 발명된 것이어서 말하자면 수학계의 뉴 룩(new look)이지만 단지 하나의 기호의 발명이 이와 같이 흥미있는 문제를 야기시킨 예는 그 밖에는 없다. 그리고 이 기호를 낳은 어버이가 9라는 수이다.

아직 계산반을 사용해서 계산이 행해지고 있던 무렵 9라는 수는 검산을 위해 흔히 사용되었다. 그를 위해서는 다음처럼 한다.

계산반 위에서

$$49476 \times 15833 = 783353508$$

이라는 계산을 하였다고 하면 끝난 뒤 계산반 위에 답밖에 남아 있지 않다.

계산자는 답인 알의 수를 센다.

$$7+8+3+3+5+3+5+8=42$$

또 곱하임수와 곱수의 알의 수도 미리 세어 둔다.

$$4+9+4+7+6=30$$
$$1+5+8+3+3=20$$

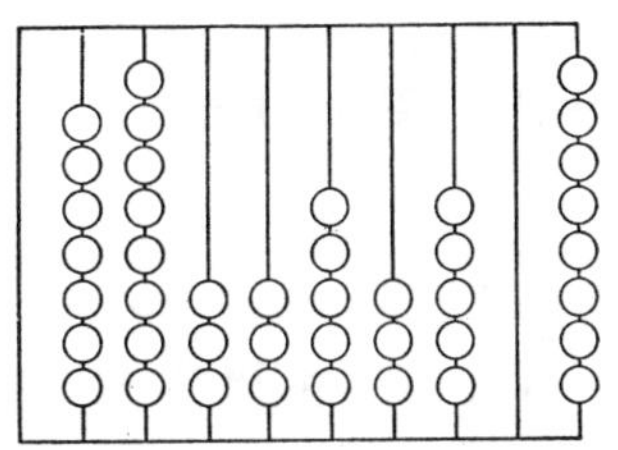

답을 계산반 위에 놓은 장면

이것들을 9로 나눈 나머지를 구한다.

$$42 \div 9 \qquad \text{나머지} \qquad 6$$
$$30 \div 9 \qquad \text{나머지} \qquad 3$$
$$20 \div 9 \qquad \text{나머지} \qquad 2$$

그렇게 하면 꼭 $6 = 3 \times 2$로 되어 있다. 그래서 이 계산은 옳을 것이다(이 검산법은 완전하다고는 할 수 없다. 답이 틀리고도 이 체크에 통과되는 일도 간혹 있다).

이 체크의 방법은 덧셈과 뺄셈에도 사용할 수 있다. 위와 같은 2개의 수의 합과 차의 답 65309, 33643에 대해서 위와 마찬가지 계산을 하면 최후의 나머지는 각각 5, 1이 되는데 이것들은 정확히

$$3+2=5, \ 3-2=1$$

이 돼서 맞고 있다. 나눗셈은 어떠할까? a를 b로 나눠서 q가 되고 r이 남는다 함은

$$a = b \times q + r$$

라는 것이므로 위와 마찬가지로 하면 된다.

$$15833\sqrt{49476} \qquad 49476 = 15833 \times 3 + 1977$$

$$\begin{array}{r} 3 \\ 47499 \\ \hline 1977 \end{array}$$

$(4+9+4+7+6) \div 9$ 나머지 3

$(1+5+8+3+3) \div 9$ 나머지 2

$(1+9+7+7) \div 9$ 나머지 6

이고 체크는 다음과 같이 된다.

$$3 = [(2 \times 3 + 6) \, 을 \, 9로 \, 나눈 \, 나머지]$$

이 검산법이 옛부터 9거(去)법이라 불리고 있던 방법이어서 1, 10, 100, 1000, … 을 9로 나누면 언제나 1이 남는다는 사실을 근본으로 하고 있다. 따라서 어떤 수 A가 9로 나누어 떨어지면 그 수를 10진법으로 나타냈을 때의 각 자리의 수의 합도 9로 나누어 떨어지고 또 A를 9로 나눈 나머지와 B를 9로 나눈 나머지와는 언제나 같다(1, 10, 100, 1000, …을 11로 나누면 1, −1, 1, −1, … 이 남는다라는 사실을 사용하면 11로 나누어 보아 테스트할 수도 있다. 이 때는 각 자리의 수를 하나 걸러 더하거나 빼거나 해가면 되는 것으로 상세한 것은 독자의 연구에 맡긴다).

이러한 이치로 예컨대 987654321이 9로 나누어 떨어지는 것은 바로 알 수 있다.

합동의 사고방법

그러면 이와 같은 관계를 간단한 기호로 나타내는 것을 생각하자. 이것은 가우스가 그 저서 『수론』 속에서 발명한 것으로 그는

라틴어로 적고 있으나 영어로는 congruence(우리말로는 합동)이
라는 말로 표현한다.

가우스는 다음과 같이 정의하고 있다.

2개의 정수 a와 b의 차 $a-b$가 m으로 나누어 떨어질 때에 a
와 b와는 법(法) m에 대해서 **합동**이다라 말하고

$$a \equiv b \ (mod \ m)$$

이라 적는다. 이것은 즉 a와 b를 m으로 나눴을 때의 나머지가
같은 것이다라고 해도 마찬가지다. 예컨대

$$5 \equiv 1 \ (mod \ 2)$$
$$84 \equiv 0 \ (mod \ 6)$$
$$173 \equiv 8 \ (mod \ 11)$$

등이다.

이 기호는 처음에는 낯설다고 생각할지도 모르나 실은 독자도
잘 아는 사고방법이다. 예컨대 '오늘은 화요일이다'라고 말할 때
에는 합동의 사고가 근본으로 되어 있다. 상세하게 설명해 보자.

계산이 번거로워지므로 간단히 하기 위해 날짜는 모두 율리우
스력(曆)의 최초인 기원전 4713년 1월 1일부터 세기로 하자. 그
렇게 하면 1930년 1월 1일은 2425978일, 1960년 1월 1일은 이것
보다 10957일 뒤가 된다. 그리고

1930년 1월 1일 $= 2425978 \equiv 2 \ (mod \ 7)$은 수요일이므로

1960년 1월 1일 $= 2436935 \equiv 4 \ (mod \ 7)$은 금요일이 된다.

9거법의 기초를 합동식으로 나타내면

$$10^n \equiv 1 \ (mod \ 9)$$

가 된다. 10^n 뿐 아니고 모든 수를 9로 생각해 보면

$$0, \ 9, \ 18, \ 27, \ 36, \ \cdots\cdots \equiv 0 \ (mod \ 9)$$
$$1, \ 10, \ 19, \ 28, \ 37, \ \cdots\cdots \equiv 1 \ (mod \ 9)$$
$$2, \ 11, \ 20, \ 29, \ 38, \ \cdots\cdots \equiv 2 \ (mod \ 9)$$
$$3, \ 12, \ 21, \ 30, \ 39, \ \cdots\cdots \equiv 3 \ (mod \ 9)$$
$$4, \ 13, \ 22, \ 31, \ 40, \ \cdots\cdots \equiv 4 \ (mod \ 9)$$
$$5, \ 14, \ 23, \ 32, \ 41, \ \cdots\cdots \equiv 5 \ (mod \ 9)$$
$$6, \ 15, \ 24, \ 33, \ 42, \ \cdots\cdots \equiv 6 \ (mod \ 9)$$
$$7, \ 16, \ 25, \ 34, \ 43, \ \cdots\cdots \equiv 7 \ (mod \ 9)$$
$$8, \ 17, \ 26, \ 35, \ 44, \ \cdots\cdots \equiv 8 \ (mod \ 9)$$

와 같이 된다.

어떠한 수도 이 9개의 그룹의 하나에 들어가고 게다가 같은 수가 2개의 그룹에 들어가는 일은 없다. 그래서 9거법이라는 것은 모든 수의 계산을 이 9종류의 그룹의 계산으로 귀착시킨다는 것이 된다. 곱셈에 대해서 보면 다음의 표와 같이 될 것이다.

×	0	1	2	3	4	5	6	7	8
0	0	0	0	0	0	0	0	0	0
1	0	1	2	3	4	5	6	7	8
2	0	2	4	6	8	1	3	5	7
3	0	3	6	0	3	6	0	3	6
4	0	4	8	3	7	2	6	1	5
5	0	5	1	6	2	7	3	8	4
6	0	6	3	0	6	3	0	6	3
7	0	7	5	3	1	8	6	4	2
8	0	8	7	6	5	4	3	2	1

이 표를 사용하면 13×14, 4×32, 22×41 등은 9거법으로 하면 모두 같은 답이 되는 것을 알 수 있다고 생각한다. 어떤 경우도 (제 1의 수)$\equiv 4 \; (mod \; 9)$, (제 2의 수)$\equiv 5 \; (mod \; 9)$ 이고 위의 표에 따라서 $4 \times 5 = 2$ 이다. 그래서 위의 곱의 답은 어느것도 $\equiv 2 \; (mod \; 9)$ 이다.

이제까지 9에 대해서 생각한 것은 임의의 양의 정수 n에 대해서도 생각할 수 있다. 이 때는 모든 수는 n조로 분류하게 된다. $n = 2$라 하면

짝수란 $\equiv 0 \; (mod \; 2)$ 의 수

홀수란 $\equiv 1 \; (mod \; 2)$ 의 수

가 된다.

$=$ 기호와 $\equiv$ 기호

『수론』중에서 가우스가 발견한 이 기호는 매우 편리하고 알기 쉬웠기 때문에 이제까지 알려져 있던 정리를 이 기호로 고쳐 적는 것이 시도되었다. 예컨대 '3의 이야기'의 장에서 설명한 윌슨의 정리(78페이지)를 채택하여 보자. 합동이라는 개념이 탄생되기 7년 전 윌슨은 다음과 같이 언급하였다.

p가 소수라면

$$\frac{1 \cdot 2 \cdot 3 \cdot \; \cdots \; \cdot (p-1)+1}{p}$$

는 정수이다.

1770년에 이 정리가 발표되었을 때 윌슨의 선생 워링은 다음과 같이 말하고 있다.

"이 종류의 정리의 증명은 매우 어렵다. 소수라는 것을 나타내는 적당하고 간단한 기호가 없기 때문이다."

가우스가 '수학의 증명은 개념으로서가 아니고 기호에 의존하는 바가 크다'라고 말하고 있는 것은 이것을 가리키고 있는 것일 것이다.

오늘날에는 윌슨의 정리는 거의 언제나

$$(p-1)!+1\equiv 0\ (mod\ p)$$

라고 적어 가우스 자신에 의한 이 증명도 합동개념을 사용하고 있다.

합동의 역사에서는 기호도 개념도 어느쪽도 중요한 것이지만 세 줄로 나타낼 수 있는 합동의 개념은 실은 더 옛날부터 별개의 기호를 사용해서 생각되고 있었다. 그것은 '나머지 없이 나누다'라는 것을 보이는 막대기이고 $a\equiv b\ (mod\ m)$ 은 $m|a-b$와 같은 것이다.

그러나 오랫동안 사용되었던 이 기호도 가우스가 수학적인 취급이 편리한 합동기호 $\equiv$ 를 발명하기까지는 그다지 중요한 역할을 하지 않았다. $\equiv$ 는 등호 $=$ 와 아주 비슷한데 실제 $\equiv$ 와 $=$ 는 공통적인 성질이 있다. 등호 $=$ 는 동치(同値)관계라 부르는 성질

반사율 어떠한 a에 대해서도 $a=a$
대칭률 $a=b$ 라면 $b=a$
추이율(推移律) $a=b,\ b=c$ 라면 $a=c$

를 갖고 있는데 합동관계도 마찬가지여서

반사율 어떠한 a에 대해서도 $a \equiv a$

대칭률 $a \equiv b$ 라면 $b \equiv a$

추이율(推移律) $a \equiv b, \ b \equiv c$ 라면 $a \equiv c$

가 성립한다.

기본이 되는 성질이 이와 같이 닮고 있는 것이라면 그 조작도 등호와 마찬가지로 할 수 없을까. 이미 9거법의 부분에서 본 것처럼 2개의 수의 덧셈·뺄셈·곱셈을 하는 것은 각각을 9로 나눈 나머지에 대해서 대응하는 연산을 하는 것과 마찬가지였다. 즉 합동식의 계산은 보통의 대수식의 계산과 마찬가지로 할 수 있다. 이것은 매우 흥미있는 일이다. 예를 들자.

'p를 홀수의 소수라 할 때 p의 배수보다도 1만큼 적은 제곱수를 구하는 것'

이 문제는 합동기호를 사용하면 다음과 같이 극히 간단히 나타낼 수 있다.

$$x^2 \equiv -1 \ (mod \ p)$$

를 푸는 것.

산술 속의 보석

합동기호 $\equiv$ 가 들어간 이러한 방정식을 **합동식**이라 하고 그 해법을 이제부터 생각하는 것인데 그 전에 p의 작은 값 3, 5, 7, 11, 13 등에 대해서 위의 식을 시험해 보면 좋다.

그러면 여기서는 증명하지 않지만 앞 절에서의 합동식 $x^2 \equiv -1$ $(mod \ p)$가 풀리는 것은 홀소수인 p가 $4n+1$의 형태의 수인 경우뿐이다라는 것을 알고 있다. 즉 $p \equiv 1 \ (mod \ 4)$ 일 때만 $x^2 \equiv -1$ $(mod \ p)$ 가 풀리는 것이다.

이러한 것은 증명하지 않지만 이것과 깊은 관계가 있는 정리에 대한 것은 설명해 두지 않으면 안된다. 이 정리는 많은 상이한 방법으로 증명되어 있고 이러한 것 자체가 이 정리의 중요성을 보이고 있는 것이라 할 수 있을 것이다. 내가 여기서 이 정리를 이야기하는 것은 합동이라는 사고의 훌륭한 실제 예이기 때문이다.

이 정리는 제곱잉여의 **상호법칙**이라는 매우 엄숙한 이름으로 불리고 있고(이제부터는 간단히 **상호법칙**이라 부른다) 가우스 자신은 이것을 산술 속의 보석이라 불렀다. 가우스는 별개의 곳에서 '수학은 과학의 여왕이고 수론은 수학의 여왕이다' 라고 말하고 있는데 이 상호법칙이야말로 과학의 정점(頂点)이라 할 수 있을 것이다.

상호법칙은 가우스 이전에도 알려져 있었고 그것을 최초로 발견한 것은 오일러이지만 오일러도 그 밖의 수학자도 증명은 하지 않았다. 가우스는 오일러의 연구를 전혀 모르고 18세 때에 이 상호법칙을 재발견하고 증명을 한 것이다.

가우스는 이 법칙이 매우 아름다운 정리라는 것은 바로 알았지만 증명을 바로 할 수 있었던 것은 아니었다. '거의 1년 동안 굉장한 노력을 하였다' 라고 자기가 적고 있다. 그리고 19세가 되어서 매우 아름답고 단순한 형태로 정리해서 이것을 증명하였다.

이 수론의 보석을 증명한 뒤 역시 가우스는 이 정리에 대한 것을 언제나 계속 생각하였던 것 같고 거듭 6가지의 완전히 별개의 증명을 생각하였다. 내가 이 책을 쓰고 있는 단계에서 실로 50가지 이상의 증명이 발표되고 있다. 다음으로 이 정리를 보여 준다.

제곱잉여의 상호법칙 : 같지 않은 2개의 홀소수를 p, q라 한다. p와 q에 대한 2개의 합동식

$$x^2 \equiv q \ (mod \ p) \qquad x^2 \equiv p \ (mod \ q)$$

는 (1) p와 q가 양쪽 모두 $4n-1$이라는 형태일 때는 한쪽의 합동식만이 풀리고 다른쪽은 풀리지 않는다. (2) 그렇지 않을 때는 한쪽의 합동식이 풀리면 다른쪽도 풀리고 한쪽이 풀리지 않으면 다른쪽도 풀리지 않는다.

풀리는 문제, 풀리지 않는 문제
예를 들어 설명하자.

$$x^2 \equiv 43 \ (mod \ 97)$$

은 풀릴 수 있을까. 바꿔 말하면 43보다도 97의 배수만큼 많을 것 같은 제곱수는 있는 것일까.

43은 $4n-1$의 형태이고 97은 그렇지 않으므로 상호법칙에 의해서

$$x^2 \equiv 43 \ (mod \ 97)$$

을 푸는 것은

$$x^2 \equiv 97 \ (mod \ 43)$$

을 푸는 것으로 귀착된다. 한쪽이 풀리면 다른쪽도 풀리고 한쪽이 풀리지 않으면 다른쪽도 풀리지 않는다. 나중의 식에 대해서 생각하면 97은 43보다도 크고 97을 43으로 나누면 11이 남으므로

$$x^2 \equiv 11 \ (mod \ 43)$$

이 된다. 11도 $4n-1$의 형태이기 때문에 지금 한번 상호법칙을

사용해서

$$x^2 \equiv 43 \ (mod \ 11)$$

고쳐 적어서

$$x^2 \equiv -1 \ (mod \ 11)$$

을 얻는다. 이것이 정확히 176페이지에서 설명한 문제 '주어진 홀소수 p의 배수보다도 1만큼 작은 제곱수를 구하라' 이다. $p=11$ 은 $4n+1$의 형태가 아니기 때문에 거기서 언급한 바에 따라 이 합동식은 풀리지 않는다.

그래서 차례로 앞으로 되돌아 가면 다음과 같이 된다.

(1) $x^2 \equiv -1 \ (mod \ 11)$ 즉 $x^2 \equiv 43 \ (mod \ 11)$ 은 풀리지 않는다.

(2) 11 도 43 도 $4n-1$의 형태이지만 $x^2 \equiv 11 \ (mod \ 43)$ 즉 $x^2 \equiv 97 \ (mod \ 43)$ 은 풀린다.

(3) 43 은 $4n-1$의 형태이지만 97 은 $4n-1$의 형태가 아니므로 $x^2 \equiv 43 \ (mod \ 97)$ 은 풀린다.

이와 같이 하여 풀이가 있는 것은 알았지만 그 풀이를 실제로 구하는 것은 조금 어려우므로 여기서는 언급하지 않는다. 이 방정식의 경우에는 눈으로 살펴서

$$x \equiv \pm 25 \ (mod \ 97)$$

이라는 것을 바로 알 수 있다. 즉 97의 배수와 25만큼 틀리는 수는 그것을 제곱하면 97의 배수보다도 43만큼 많다라는 것이다. 이러한 최소의 수는 25이지만 독자는 실제로 시험해보면 좋다.

합동식은 방정식과 닮고는 있지만 그러나 큰 차이점도 있다. 예컨대 $x^2-625=0$의 풀이는 $x=\pm 25$이고 이 2개밖에 없다.

그러나 합동식의 경우 그 풀이가 $x \equiv \pm 25 (mod\ 97)$ 이라고 말했을 때에는 25와 -25뿐 아니고 무수히 많은 풀이를 나타내고 있다. 즉 97의 임의의 배수와 25만큼 틀리는 수는 모두 구하는 풀이인 것이다.

이와 같이 무한히 많은 수의 전체를 단지 2개의 수로 대표시킬 수 있었던 것은 바로 합동이라는 개념의 덕분이다.

보통의 경우는 수의 성질을 연구할 때에는 하나하나의 수의 특징을 가급적 상세히 추궁하려고 한다. 그러나 합동식의 입장에서 볼 때는 조금 다르다. 무한히 많은 수가 합동이라는 입장에서 같은 것으로 간주돼 버린다. 즉

$$25,\ 122,\ 218,\ 315,\ 412,\ \cdots$$
$$-25,\ 72,\ 169,\ 266,\ 363,\ \cdots$$

등은 확실히 모두 틀린 수이지만 97을 법(法)으로 하는 한 각각 하나씩의 수 25와 -25와 같은 것으로 간주돼 버린다.

독자에 대한 문제

$$x^2 \equiv 2 \ (mod\ p)$$

는 풀리는 것일까?

이 장에서 상세히 설명한 것과 상호법칙의 의미를 잘 생각해 보면 일반적으로 $x^2 \equiv a \ (mod\ p)$ 가 풀리는지 어떤지를 결정할 수 있다. $x^2 \equiv 2 \ (mod\ p)$ 를 풀 수 있기 위한 조건을 언급하고 이것을 증명하는 것은 어렵지만 x^2 으로서는 처음의 몇 갠가의 제곱수

$$0, \ 1, \ 4, \ 9, \ 16, \ 25, \ 36, \ 49, \ 64, \ 81, \ \cdots$$

과 p 로서는 몇 갠가의 홀소수

$$3, \ 5, \ 7, \ 11, \ 13, \ 17, \ 19, \ 23, \ 29, \ 31, \ \cdots$$

에 대해서 시험해 보면 풀이를 발견할 수 있다고 생각한다.

(답은 225페이지에 있다)

···의 이야기

무한집합은 우리들의 실제의 경험을 초월하고 있기 때문에 매우 기묘한 일이 일어난다. 예컨대 일부분과 전체가 같아지는 일이 있다. 갈릴레오가 착상하고 칸토어가 만들어낸 이 집합론은 현대수학의 기초이다. 그 일단을 들여다 보자.

무한집합과 갈릴레오

지금까지 여기저기서 끝없이 계속되는 수의 열을 나타내어 보이기 위해서 '이하 마찬가지'라는 의미를 나타내는 3개의 점 …을 사용해 왔다. 재미있는 수의 이야기도 전장의 9로 끝나는 것은 아니고 역시 끝없이 계속되는 것이므로 이장에서는 이 …에 대해서 조금 생각해 보자.

이 책은 '0'의 이야기부터 시작하였다. 수의 역사 중에서 제로의 발견은 가장 현실에 도움이 되는 발견의 하나이지만 이에 반해서 이제부터 이야기하려고 하는 무한집합의 이론은 가장 비실용적인 것이라 할 수 있을 것이다. 그러나 수학의 입장에서 생각하면 그 밖에 비교할 것이 없을 만큼 중요한 것이다.

이것은 지금까지 이야기한 수의 이론으로부터 자연히 발전해 온 것인데 현대수학 속에서는 수의 이론뿐 아니고 모든 분야에 들어와 있다. 지금까지 끝없이 계속되는 수열이야말로 수학적으로 흥미가 있다는 것을 여러 가지 예로 보아 왔다. 소수가 유한개밖에 없다고 한다면 소수의 이론에 대한 흥미는 반감(半減)해 버릴 것이고 또 완전수가 유한개밖에 없다고 증명되었다고 하면 이미 역사적인 흥미밖에 남지 않는다. 홀수·짝수·소수·합성수·제곱수·세제곱수·5각수 등도 모두 끝없이 많이 있으나 현대의 무한집합의 이론의 기초가 된 혁신적인 아이디어는 실로 이들의 구체적인 무한수열의 비교로부터 탄생한 것이다.

'4의 이야기'에서 갈릴레오의 이야기를 하였는데 갈릴레오는 확실히 이 혁신적인 아이디어를 자기 손 안에 넣기 시작하였지만 아깝게도 이제 조금만 더 하는 부분에서 그것을 놓쳐 버렸다. 앞에서의 88페이지 부근의 이야기를 잠깐 상기시켜 보자.

갈릴레오의 생각은 전적으로 단순한 것이었다. 모든 수는 그 상대가 되는 제곱수를 하나씩 갖고 있다. 1에는 $1^2=1$, 2에는 $2^2=4$, 3에는 $3^2=9$, … 라는 식으로 조합하면 된다. 수에는 끝이 없는 것이기 때문에 제곱수에도 끝이 없다. 유한집합의 경우에는 예컨대 오른손의 엄지와 왼손의 엄지, 오른손의 인지와 왼손의 인지라고 하는 식으로 조합시켜가면 양쪽 모두 동시에 끝나 양손의 손가락은 '같은 만큼 있다' 라는 것을 알 수 있다.

그러나 갈릴레오는 '같은 만큼 있는'지 어떤지를 결정하는 이 잘 알려진 방법을 무한집합에까지 사용하지 않았다. 제곱수는 자연수 전체의 극히 일부분인데 서로 하나씩 빠짐없이 나머지도 없이 조합시킬 수 있다. 그래서 '자연수와 같은 정도로 많은 제곱수가 있다' 라고 말해도 되는 것이지만 갈릴레오는 여기까지 결단을 내리지 못했다.

물론 이것은 갈릴레오가 한 것을 과소평가하려는 것은 아니다. 그리스의 옛날부터 갈릴레오까지의 2000년 동안 이러한 것을 생각한 사람은 한 사람도 없었기 때문에 갈릴레오가 무한집합의 현대적 이론의 입구까지 도달했으면서 그 바로 앞에서 멈춰버린 것은 전적으로 유감스럽다. 그는 자연수와 꼭 같은 만큼의 제곱수가 있다는 것을 지적한 뒤에 다음과 같은 질문을 던지고 있다.

"자연수도 제곱수도 어느쪽도 끝없이 많이 있는 것이지만 이러한 사고방법으로 한다면 제곱수의 개수와 자연수의 개수는 같다고 말해도 되는 것이 아닐까?"

그리고 자기가 다음과 같이 답변하고 있다.

"제곱수도 자연수도 어느쪽도 무한으로 있고 전자는 후자의 극히 일부분인데도 제곱수는 자연수보다도 적다고도 할 수 없고 많다고도 할 수 없다. 그래서 같다·많다·적다라는 성질은 유한집합에 대해서만 생각할 수 있는 것이고 무한집합에 대해서는 무의미하다. 이것 이외에는 생각할 방법이 없다."

뒤엎어진 공리

갈릴레오가 실패한 300년 후에 칸토어라는 수학자가 갈릴레오가 생각한 것이야말로 '똑같다' 또는 '같은 개수'라는 개념 바로 그것이라는 것을 알았다. 그리고 보통은 유한집합에 대해서만 사용되는 이들 개념을 무한집합에 대해서도 사용할 수 있도록 하기 위해 갈릴레오가 발견한 관계에 의해서 역으로 무한집합을 정의하였다. 즉

무한집합이란 그 일부분인 집합과의 사이에 1 대 1의 대응이 붙여지는 집합을 말한다

유한집합에서는 이와 같이 할 수 없는 것은 명백하다. 제곱수도 자연수도 결코 마지막이 되지 않는 것 바로 그것 때문에 모든 제곱수와 모든 자연수와의 사이에 1 대 1의 대응이 붙여지는 것이다. 10 이하의 제곱수와 10 이하의 자연수의 사이에 1 대 1의 대응을 붙일 수 없는 것은 자연수가 아직 남아 있는데도 제곱수가 없어져 버리기 때문이다.

이러한 것을 생각하면 칸토어보다도 300년 전에 갈릴레오가 무한집합을 유한집합과 구별하기 위한 특징을 파악하고 있었는데도 결국 칸토어의 이론까지 진행시킬 수 없었던 이유를 알 것으로 생

칸토어 (1845~1918)

유태계 상인의 아들로서 페테르부르크에서 태어났는데 1856년에 독일로 옮겨서 취리히, 베를린 대학에서 수학, 물리학을 공부한 후 할레 대학 교수로 취임하였으나 만년은 정신병원에서 죽었다. 칸토어가 창시한 집합론은 당시의 수학계에 센세이션을 일으켰고 수학자는 찬성과 반대의 두 파로 갈려서 다투는 상황이었다. 칸토어는 이것을 점집합론에까지 발전시켜 현대수학으로의 길을 열었다.

각한다. 즉 갈릴레오는 수학의 가장 오래된 공리의 하나, 즉 유클리드의 기하학원론 속에 있는 ‘전체는 부분보다 크다’ 라는 공리에 묶여 있었다.

갈릴레오는 ‘전체(즉 자연수)는 일부분(즉 제곱수)과 똑같은 일도 있다’ 라고 해서 유클리드의 공리를 부정할 마음은 생기지 않고 그 때문에 ‘똑같다’ 라는 개념은 무한량에는 적용할 수 없다고 생각해 버렸다. 그런데 칸토어는 보기 좋게 무한의 본질을 파악하여 전체는 부분보다도 크다라는 공리는 무한집합에는 들어 맞지 않는다라고 단언하였다.

즉 유한량에 대해서 성립하는 유클리드의 공리를 무한량에 적용하면 모순을 일으킨다. 그래서 무한량을 잘 취급할 수 있도록 하기 위해 유클리드의 공리를 뒤엎었다라는 것이다.

길고 긴 자서전

칸토어의 무한의 이론과 관련해서 잠깐 생각하면 매우 기묘하게 생각되는 것 같은 예가 많이 있다. 예컨대 1cm의 선분 위에도 1km의 선분 위와 같은 만큼의 수의 점이 있다는 것이라든가, 1일의 사이와 1년의 사이에는 같은 만큼의 수의 시각(時刻)이 있다는 것 등이 바로 그것이다. 그 이유는 아래의 그림과 같이 생각하면 된다.

짧은 선분 AB 위에도 긴 선분 CD의 위와 같은 만큼의 점이 있다는 것에 대한 증명은 다음과 같이 한다. AB와 CD를 평행으로 두고 A와 C, B와 D를 연결하는 직선의 교점을 O라 한다.

O에서 그은 임의의 직선이 AB, CD와 교차하는 점도 각각 P

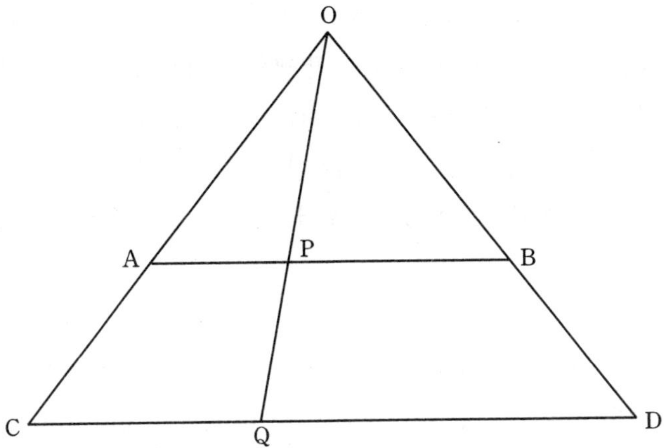

및 Q라 한다. 그리고 P와 Q를 조합시키면 된다.

　나머지의 문제는 러셀이 샨디의 패러독스라 부른 것이다. 샨디는 자기의 생애의 최초의 2일간에 대한 것을 다 쓰는 데에 2년간 걸려 버려 이 비율로 가면 자서전의 완성이 자꾸만 늦어져 버린다고 한탄했다고 한다.

　사람의 생애는 유한한 것이므로 확실히 샨디가 말하는 그대로이지만 만일 그가 영원히 살 수 있는 불사신(不死身)이었다고 하면 이야기는 다르다. 최초의 1일간에 대한 것을 쓰는 데에 최초의 1년간을 사용하고 다음의 1일간에 대한 것을 쓰는 데에 다음의 1년간을 사용하여 이하 마찬가지로 계속해 갈 수 있어 그의 생애의 어떤 1일을 잡아도 언젠가는 그의 자서전 속에 나타나게 될 것이다.

완성된 무한

그런데 이와 같이 생각했을 때 비교하고 있는 2개의 무한집합이 똑같고 동시에 똑같지 않다라는 것처럼 되어서는 곤란하다. 모순이 없다는 것 즉 자기모순되는 명제를 공리로부터 유도해낼 수 없는 것이 수학을 완성하기 위한 절대적인 요청이다.

칸토어가 이룩한 것은 바로 이러한 것이어서 위와 같이 무한집합의 특징을 정의하여 이것으로부터 모순이 없는 이론을 완성한 것이다.

양의 정수 전체와 1 대 1의 대응을 붙일 수 있는 무한집합의 요소의 개수는 양의 정수 전체의 개수와 똑같다. 이것은 말하자면 양의 정수 전체의 개수이다. 이것은 어떤 집합의 요소의 수가 어느 정도 많이 있는가라는 질문에 대답하는 것이기 때문에 일종의 계수(計數)이지만 이제까지의 유한집합의 계수와는 전혀 다른 새로운 것이다. 칸토어는 이것을 **초한기수(超限基數)**라 부르고 그리스인이 수를 문자로 나타낸 것처럼 칸토어는 히브리어의 알파벳의 최초의 문자를 빌려서 알레프라는 이름을 붙였다.

알레프 기호

지금까지는 무한수열의 뒤에 …이라고 적어 왔으나 이 애매한 …도 알레프에 의해서 종지부가 찍혔다. 그러나 끝없이 커지는 정수에는 최후의 수가 없다는 사실에는 물론 변화가 없기 때문에 알레프는 이들의 유한수와는 전혀 별개의 것이다. 알레프와 유한수와의 관계는 1이라는 수와 $1-\dfrac{1}{n}$이라는 수와의 관계와 닮고 있다. 1은 결코 $1-\dfrac{1}{n}$과는 똑같지 않은 별개의 수이다. 아무리 1에 가까운 수를 잡아도 그것보다도 큰 분수 $1-\dfrac{1}{n}$이 있다. 그러나 1과 같거나 1을 초과하는 분수 $1-\dfrac{1}{n}$ 은 없다. 이것과 마찬가지로 알레프는 양의 정수는 아니다. 어떠한 큰 정수를 잡아도 그것보다도 큰 정수가 있다. 그러나 분수의 경우에는 차츰 1에 실제로 접근해 가는 것에 반해서 정수의 경우에는 차츰 알레프에 접근해 가는 것은 아니다. 어떠한 정수와 알레프의 사이에도 역시 정수 전체와 같은 만큼의 정수가 있는 것이다.

차츰 끝없이 커진다고 하는 의미에서의 무한은 아니고 존재하는 것으로서의 무한 — 유한수와 마찬가지로 더하거나 곱하거나 거듭제곱을 만들거나 해서 계산을 할 수 있는 무한 — 이라는 이 아이디어는 인간의 역사 속에 나타난 많은 아이디어 중에서 가장 혁신적인 것의 하나이다. 모든 혁신적인 아이디어와 마찬가지로 그것은 보통의 감각으로는 이해하기 어려운 점이 있고 아직 명확하지 않은 점도 있다. 그 위대한 가우스, 그 시대보다도 훨씬 앞으로 나아가서 발표하기 전에 많은 아이디어를 갖고 있었던 가우스조차도 이 완성된 무한이라는 사고를 받아들일 수 없었다.

고고(孤高)한 수학자 칸토어

이제까지의 수학자 중에서 칸토어만큼 주위로부터 고립된 수학자는 아마 없었던 것은 아닐까. 그러나 칸토어는 의연하게 다음과 같이 선언하고 있다.

"나는 거의 자신의 의사에 반하여 이러한 논리적인 결론에 도달하지 않을 수 없었다. 오랜 세월의 나의 연구 생활에서 가치가 있었던 전통적인 수학에 반하는 것이지만 나는 단순히 차츰 끝없이 증대하여 간다라는 의미에서의 무한만은 아니고 '완성된 무한'

이라는 정해진 형태로 그것을 하나의 수로서 수학적으로 고정시킬 필요에 쫓기어 왔다. 이것에 반대하는 이유는 아무것도 없었던 것이다."

칸토어의 신념은 그의 수학 속에서뿐 아니고 수학이라는 학문 그 자체 속에 내재하고 있는 본질적인 것이어서 칸토어는 수학적 사고에 특유한 자유성이라는 것을 잘 알고 있었다. 별개의 곳에서 다음과 같이도 말하고 있다.

"…수학은 전적으로 자유로운 입장에서 발전해 왔다. 따르지 않으면 안되는 조건은 자기 자신과 모순되지 않는 것과, 이전에 만들어지고 테스트된 개념과 명확한 관계를 갖는 것, 이것뿐이다. 특히 새로운 수를 도입하는 경우에 따르지 않으면 안되는 조건은 그 정의가 명확하다는 것과, 이전의 수와의 관계가 정해지는 것, 그리고 상호간의 구별을 분명히 할 수 있는 것뿐이다. 이들의 조건이 만족되는 한 그것은 수학적으로 참으로 존재하는 것으로 인정해야 한다."

칸토어는 수학의 이러한 자유성을 잘 인식하고 있었다. 칸토어가 부과한 조건은 전적으로 정당한 것이고 자유의 남용은 최소한으로 해야 하는 것도 잘 알고 있었다. 그는 또 새로운 개념이 수학적으로 유용하지 않으면 그것은 멀지 않아 버림을 받는다는 것도 잘 알고 있었다.

완성된 무한이라는 칸토어의 아이디어는 1918년에 그가 죽기 이전에도 그 유용성이 차츰 인정되어 와서 현재로는 수학 속에 확고하게 뿌리를 내리고 있다. 이제부터 몇 페이지 안에서 설명하려고 하는 초한기수의 산술은 현재로는 2×2라는 계산과 마찬가지로 수학의 가장 기초적인 부분으로 되어 있다.

그런데 칸토어는 초한기수를 정의한 후에 다음의 3개의 중요한 것을 생각하였다.

⑴ 모든 양의 정수의 기수(基數)는 초한기수 중에서 최소의 것인가.

⑵ 임의의 초한기수에 대해서 그것보다도 큰 초한기수가 있는가.

⑶ 임의의 초한기수에 대해서 그 다음으로 큰 초한기수가 있는가.

초한기수의 전체와 유한기수 —— 즉 자연수 —— 의 전체와는 닮고 있는 점도 있다. 어느쪽에도 최초의 수가 있고 어떤 수에도 그 다음의 수가 있고 최후의 수는 없다.

칸토어는 초한기수를 모두 알레프라 부르고 그것들을 1열로 배열하여 오른쪽 아래에 첨자(添字)를 붙여서 구별했다. 모든 자연수 전체는 최소의 초한기수이므로 이것에 0이라는 첨자를 붙여서 알레프 제로라고 불렀다. 그 다음으로 큰 초한기수는 알레프 원이고 이하 알레프 투, … 로 이어져 간다.

무한을 만들어낸 것뿐 아니고 그것을 매우 단순한 방법으로 만들어 낸 것은 칸토어의 재능이다. 지금까지 설명한 것을 이해할 수 있으면 수학의 지식은 거의 없어도 이제부터의 설명은 알 수 있을 것이다.

자연수와 유리수

겉보기는 자연수의 집합보다도 큰 것 같지만 실은 그것과 같은 초한기수를 가지는 집합의 예에 모든 유리수의 집합이 있다. 유리수라는 것은 정수를 정수로 나눈 형태, 즉 분수를 말한다. $2=2/1$처럼 생각하면 정수는 유리수 속에 포함되기 때문에 유리수는 자연수보다도 훨씬 많이 있는 것처럼 생각된다.

그러나 '제곱수는 자연수보다도 적다'라는 직관이 잘못되어 있었기 때문에 말끔히 생각하지 않으면 안된다. 만일 유리수가 자연수와 같은 만큼 있다고 한다면 어떤 분수 a/a_1은 1번째, 별개의 분수 b/b_1은 2번째라는 식으로 번호를 붙여서 세어 가서 어떤 유리수도 언젠가는 번호가 붙여져야 할 것이다. 이것으로 사고방법은 알았다. 그러면 시작하자.

최소의 유리수는 있는가? 없다.

최대의 유리수는 있는가? 이것도 없다.

어떠한 유리수 a/b를 잡아도 $a/(b+1)$은 a/b보다도 작다. 또 2개의 유리수 $a/b < c/d$에 대해서 $(a+c)/(b+d)$는 a/b와 c/d의 사이에 있다. 그래서 어떤 분수의 다음의 분수도 없다.

그렇다면 알레프 제로로 나타낼 수 있는 자연수 전체보다도 큰 무한이 발견된 것일까. 아니 다시 한번 고쳐 생각해 보자. 위와 같이 크기의 순서로 생각하였기 때문에 실패한 것이어서 완전히 별개의 배열방법을 궁리하면 각각의 자연수에 꼭 하나씩의 유리수를 조합시켜 어떤 유리수도 유한회의 다음에 그것을 셀 수 있도록 하는 것이 가능한지도 모른다. 그것을 다음에 설명하자.

먼저 모든 유리수를 분자의 크기의 순서로 조를 나누고 그 각 조에서 분자와 공약수가 있는 분모를 갖는 유리수를 제거한 다음 각각의 조의 유리수를 분모의 크기의 순서로 가로로 배열한다. 다음과 같은 식이다.

$$\frac{1}{1} \quad \frac{1}{2} \quad \frac{1}{3} \quad \frac{1}{4} \quad \frac{1}{5} \quad \frac{1}{6} \quad \cdots$$

$$\frac{2}{1} \quad \frac{2}{3} \quad \frac{2}{5} \quad \frac{2}{7} \quad \frac{2}{9} \quad \frac{2}{11} \quad \cdots$$

$$\frac{3}{1} \quad \frac{3}{2} \quad \frac{3}{4} \quad \frac{3}{5} \quad \frac{3}{7} \quad \frac{3}{8} \quad \cdots$$

$$\cdots \qquad\qquad \cdots$$

이와 같이 하여 무한집합이 무한개 가로로 배열한 표를 만들 수 있지만 만일 이것을 1/1부터 시작해서 가로의 줄을 따라 세기 시작하면 실패다. 언제까지 가도 첫번째 줄은 끝나지 않아 2/1에는 결코 도달하지 않는다. 세로의 줄을 따라 세어도 물론 불가능하다.

그러나 어떠한 유리수도 언젠가는 유한회의 다음에는 셀 수 있는 것 같은 좋은 방법이 있다. 그를 위해서는 칸토어가 한 것처럼 대각선을 따라 세면 된다. 다음과 같은 식으로 하면 된다.

$$\frac{1}{1} \rightarrow \frac{1}{2} \quad \frac{1}{3} \quad \frac{1}{4} \quad \frac{1}{5} \quad \cdots$$

$$\frac{2}{1} \quad \frac{2}{3} \quad \frac{2}{5} \quad \frac{2}{7} \quad \frac{2}{9} \quad \cdots$$

$$\frac{3}{1} \quad \frac{3}{2} \quad \frac{3}{4} \quad \frac{3}{5} \quad \frac{3}{7} \quad \cdots$$

$$\frac{4}{1} \quad \frac{4}{3} \quad \frac{4}{5} \quad \frac{4}{7} \quad \frac{4}{9} \quad \cdots$$

$$\frac{5}{1} \quad \frac{5}{2} \quad \frac{5}{3} \quad \frac{5}{4} \quad \frac{5}{6}$$

즉

$$1 \longleftrightarrow \frac{1}{1}$$

$$2 \longleftrightarrow \frac{1}{2}$$

$$3 \longleftrightarrow \frac{2}{1}$$

$$4 \longleftrightarrow \frac{1}{3}$$

$$5 \longleftrightarrow \frac{2}{3}$$

$$\cdots \qquad \cdots$$

이와 같이 하여 어떠한 유리수도——그것이 몇 번째에 오는지는 미리 모른다 해도——언젠가는 셀 수 있고 유리수는 자연수와 같은 만큼 많이 있다는 것을 알았다. 그래서 양쪽의 집합의 기수(基數)는 같고 어느쪽도 알레프 제로이다.

칸토어가 남긴 난문

이와 같이 일견 직관에 반하는 결과가 얻어진 것인데 그렇다면 칸토어가 '어떠한 초한기수에 대해서도 그것보다도 큰 초한기수가 있다'라고 말한 것처럼 알레프 제로보다도 큰 기수를 가지는 집합이 실제로 있는 것일까. 이것이 다음의 문제이다.

칸토어는 0과 1의 사이에 있는 모든 무한소수(小數)의 전체는 어떠한 방법으로도 자연수 전체와 1 대 1의 대응을 붙일 수 없다는 것, 따라서 알레프 제로보다 큰 초한기수를 갖는다는 것을 증명하였다. 이것을 다음에 설명하자.

무한소수는 유리수와 무리수의 양쪽을 나타낸다. 어떤 자리로부터 앞은 0만 계속되든가 또는 숫자가 같은 조가 반복해서 나타나는 순환무한소수는 유리수를 나타내고 그렇지 않은 무한소수는 무리수를 나타낸다는 것은 '2의 이야기'의 장에서 설명한 대로이다. 그러면 0과 1의 사이의 무한소수는 다음의 형태로 적을 수 있다.

$$0.n_1\ n_2\ n_3\ n_4\ n_5\ n_6\ n_7\ n_8 \cdots$$

여기서 n_1은 소수점 아래 제1자리의 숫자, n_2는 제2자리의 숫자, 이하 마찬가지다.

유리수의 경우에 0보다도 큰 최소의 유리수는 없고 어떤 유리수의 다음으로 큰 유리수는 없었다. 0과 1 사이의 모든 무한소수에 대해서도 이러한 것은 마찬가지다. 그러나 유리수일 때의 솜씨 있는 방법에 재미를 붙여서 무한소수 때에도 솜씨 있는 배열방법을 하여 자연수 전체와 1 대 1로 할 수 있을지도 모른다.

두 가지의 길이 열려 있다. 실제로 그러한 배열방법을 만들어 보이는 것, 그렇지 않으면 어떠한 배열방법을 하여도 솜씨 있게 되지 않는 것, 이 두 가지이다. 칸토어는 이 후자의 길을 선택한 것인데 그 방법은 2000년 전에 유클리드가 '소수(素數)는 무한으로 있다'는 것을 증명한 방법과 같은 정도로 간단하고 우아한 것이었다.

'3의 이야기'(70페이지)에서 설명하였지만 유클리드는 모든 소수 전체가 유한집합이라는 가정으로부터 출발했다. 그리고 이 집합의 모든 소수의 곱에 1을 더함으로써 이 집합에 포함되지 않는 소수 또는 그와 같은 소수를 인수로 하는 합성수를 언제나 만들 수 있음을 증명했다. 그래서 모든 소수가 유한이라는 가정은 잘못이고 소수는 무한으로 있다는 것을 증명할 수 있었다.

칸토어의 방법도 이것과 닮고 있다.

그는 먼저 '0과 1의 사이의 모든 무한소수를 솜씨 있게 배열해서 자연수 전체와 1 대 1의 대응이 붙여졌다' 라는 가정부터 시작한다.

그렇게 하면 다음과 같은 조합을 만들 수 있다.

$$
\begin{array}{ccl}
1 & \longleftrightarrow & 0.a_1\,a_2\,a_3\,a_4\,a_5\,a_6 \cdots \\
\text{(A)} \quad 2 & \longleftrightarrow & 0.b_1\,b_2\,b_3\,b_4\,b_5\,b_6 \cdots \\
3 & \longleftrightarrow & 0.c_1\,c_2\,c_3\,c_4\,c_5\,c_6 \cdots
\end{array}
$$

이렇게 해둔 다음 칸토어는 위의 대응에 누락되어 있는 무한소수가 언제나 있음을 보여 주고 이것에 의해서 처음의 가정이 잘못이라는 것을 나타내어 보인 것이다. 그런데 위의 대응에 누락되어 있는 무한소수라는 것은

$$
0.m_1\,m_2\,m_3\,m_4\,m_5\,m_6 \cdots
$$

의 형태이고 m_1 은 a_1 과 9와의 어느쪽과도 다른 숫자, m_2 는 b_2 와 9와의 어느쪽과도 다른 숫자, m_3 는 b_3 와 9와의 어느쪽과도 다른 숫자, 이하 마찬가지다.

이러한 무한소수는 (A)에 배열된 어떤 소수와도 적어도 하나의 자리로 틀리고 있는 것이기 때문에 '모든' 무한 소수의 배열 (A) 속에 들어가 있지 않다. 이와 같이 하여 처음의 가정이 잘못이었

다는 것을 알 수 있고 이 2개의 집합의 사이에는 1 대 1의 대응을 붙일 수 없다. 즉 무한소수의 집합의 계수(計數)는 자연수의 집합의 계수보다 크다는 것을 알았다.

칸토어는 이 새로운 기수를 연속체의 **농도**라 부르고 독일 문자 c로 나타냈다(연속체라는 것은 이것이 어떤 선분상의 모든 점에 대응하는 것 같은 수의 전체라는 의미로부터 나왔다).

칸토어가 히브리 문자가 아니고 독일 문자를 사용한 것에는 깊은 의미가 있다. 즉 칸토어는 연속체의 농도가 알레프의 열(列)의 어디에 있는지를 결정할 수 없었던 것이다. 칸토어는 알레프 제로는 최소의 초한기수라는 것, 모든 초한기수는 그 다음으로 큰 초한기수가 있다는 것 등을 생각했다. 칸토어는 알레프 제로가 아닌 초한기수를 실제로 만들어 보인 것이지만 그러면 이 c는 어떤 알레프에 상당하는 것일까.

이것이야말로 칸토어가 훗날의 수학자들에게 남긴 어려운 문제이고 아직 완전히는 해결되어 있지 않다. 아마 '연속체의 농도는 알레프 원이다' 라고 하는 것이 오늘날의 수학자의 일치된 의견이다. 이것이 잘 알려진 연속체의 가설이고 만일 이것이 증명된다면 무한집합의 이론은 매우 발전할 것으로 생각된다.

연속체의 농도는 알레프 원인가

이 과제는 그리스인의 사고를 훨씬 초월한 무한의 문제를 다루고 있는 것인데 겉보기는 단순한 것처럼 보여도 실제는 매우 어려운 것의 하나이다. 2000년전의 옛날에 그리스인은 다음의 과제를 내서 훗날의 시대의 수학자를 난처하게 하였다.

'완전수는 무한으로 있는가'

오늘날의 수학자는 다음의 과제를 내서 다음 시대의 수학자를 난처하게 만들 것이다.

'연속체의 농도는 알레프 원인가'

어느쪽의 과제도 미해결이긴 하지만 이 2개의 사이에는 2000년 이나 걸친 수의 긴 역사가 간직되어 있다.

무한의 산술

무한의 산술은 무한의 이론과 마찬가지로 역설적인 부분이 있다. 독자들은 다음의 질문을 생각해 보기 바란다. 이 장의 이야기를 잘 이해하면 답은 쉽다고 생각되고 그 예도 거기서의 설명 속에 있다.

$$\aleph_0 + \aleph_0 =$$
$$2 \times \aleph_0 =$$
$$\aleph_0 \times \aleph_0 =$$

(답은 225페이지에 있다)

e의 이야기

    수학자가 '오일러의 수'라 부르고 있는 이 e의 도움을 받아서 소수의 무한성과 자연수의 무한성과의 사이의 깊은 비밀을 어떻게 하여 발견하였는가라는 이야기는 수론의 2500년의 역사 중에서도 가장 흥미 있다. 통계학·경제학 등에도 사용되는 이 e란 도대체 무엇인가?

매력적인, 너무나도 매력적인…

이제까지 자연수 사이의 여러 가지 흥미 있는 관계를 이야기해온 것인데 이들 모든 것은 0에서 시작해서 하나씩 증가해 가면서 끝없이 계속되어 가는 단순한 패턴 속에 내재하고 있을 것이다. 이 패턴은 단순한 것처럼 보이나 실은 매우 복잡하고 또한 미묘하기도 하기 때문에 그것을 한눈으로 파악할 수 있는 것은 천재뿐이다. 그러나 0, 1, 2, 3이라고 적기 시작했을 때에 이미 그 안에 포함되어 있을 것이다.

그런데 자연수 중의 가장 만만치 않은 비밀의 하나, 즉 소수의 일반적인 분포의 문제가 결코 자연이라고는 생각할 수 없는 것 같은 수에 의해서 해결된 것은 매우 흥미 있다.

이것은 수학자가 '오일러의 수' 또는 더 간단하게 e 라 부르는 수이고 이 수는 유한개의 자연수를 어떻게 조합시켜도 나타낼 수는 없다. 그리스 이래 2000년 동안이나 표면에 모습을 나타내지 않았던 이 수는 16세기가 돼서 겨우 수치적인 연구가 시작되었다. 이 수는 매우 부자연스럽게 보이지만 실은 그 밖의 어떠한 수보다도 더 밀접하게 자연과 결부되고 있다.

이 매우 흥미 있는 수 e의 이야기, 수학자가 이 수의 도움을 받아서 소수의 무한성과 자연수의 무한성 사이의 깊은 비밀을 어떻게 해서 발견하였는가 하는 이야기는 수론의 2500년의 역사 속에서도 가장 흥미있다. 이것이야말로 '수는 어째서 이와 같이 재미있는 것인가'라고 하는 이 책의 마지막의 결말로서 걸맞는 이야기라고 생각한다.

e의 값을 수치적으로 나타내면 그것은 유명한 계승(階乘)의 급

수

$$(B) \quad e = 1 + \frac{1}{1!} + \frac{1}{2!} + \frac{1}{3!} + \frac{1}{4!} + \frac{1}{5!} + \frac{1}{6!}$$
$$+ \frac{1}{7!} + \frac{1}{8!} + \frac{1}{9!} + \cdots$$

인 무한급수의 극한으로서 하나의 수를 나타낼 수 있는 것은 약간 파악하기 어려운 사람도 있을지도 모르나 실은 이것과 마찬가지의 것을 언제나 행하고 있다. 예컨대 무한소수 0.3333…은

$$\frac{3}{10} + \frac{3}{10^2} + \frac{3}{10^3} + \frac{3}{10^4} + \cdots$$

을 말하는데 이것은 1/3을 나타낸다. 그 이유는 위의 급수를

$$\frac{3}{10} + \frac{3}{100} + \frac{3}{1000} + \frac{3}{10000} + \cdots$$

라고 적어서 제1항목부터 하나씩 더하는 조작을 수직선상에서 순차로 행하여 보면 $\frac{1}{3}$을 나타내는 점으로 얼마든지 접근해 가지만 결코 그것을 초과하지 않는 것 같은 점의 열을 얻을 수 있음을 안다. 이것과 마찬가지로 (B)의 급수의 항을 많이 더하면 더할수록 그 합은 e의 참의 값으로 접근해 간다. 실제로 계산하려면 다음과 같이 하면 된다.

먼저 1을 잡는다. 다음으로 또 하나 1을 잡고 이것을 1로 나눈다――답은 물론 1――. 다음으로 이 답을 2로 나눠서 답 0.500000을 적는다. 다음으로 이 답을 3으로 나눠서 답 0.1666667을 적는다. 다음으로 이 답을 4로 나누고 이하 이와 같

n	$1/n!$	거기까지의 합
1	1.000000	2.000000
2	0.500000	2.500000
3	0.166667	2.666667
4	0.041667	2.708334
5	0.008333	2.716667
6	0.001389	2.718056
7	0.000198	2.718254
8	0.000025	2.718279
9	0.000003	2.718282
e	2.718282	

이 계속해간다. 9로 나누는 곳까지 계속해 가면 그것으로부터 앞은 소수점 이하 7자리째 이하로 숨어 버린다. 그래서 이들 11개의 수를 더하면 e의 소수점 이하 6자리째까지의 값을 안다.

계승의 급수에는 끝이 없으므로 이 계산에도 끝은 없다. 따라서 아무리 긴 계산을 계속해가도 e의 참의 값과의 사이에는 오차가 있다.

e의 각 자리의 수의 배열방법은 극히 불규칙하여 소수점 이하 n자리째에 어떠한 수가 나타나는가는 결코 사전에 예측할 수 없다. 이 점은 1/3이나 그 밖의 유리수를 소수로 나타냈을 때와는 매우 다르다. 유리수의 경우는 적어도 어떤 자리로부터 앞은 규칙적인 숫자의 열의 패턴이 반복되지만 e는 그렇지 않다. 이러한 수를 수학자는 무리수라 부르고 있다.

무리수라니 당치도 않다

이러한 무리수는 지금까지의 수와는 매우 색다르기 때문에 그 간단한 지식을 얻는 것조차도 피타고라스 이래의 수의 개념의 확장의 역사와 관련시켜서 생각하지 않으면 안된다.

피타고라스 학파의 사람들은 우리들의 우주는 수에 의해서 통제되어 있다고 생각하였다. 그들은 정수로는 측정할 수 없는 길이가 있다는 것은 물론 알고 있었지만 1/3이라든가 5/7와 같은 2개의 정수의 비 —— 즉 분수 —— 를 사용하기로 하면 어떠한 길이에 대해서도 하나씩의 수를 적용할 수 있음을 확신하고 있었다.

바꿔 말하면 문제로 하고 있는 길이를 직선상의 점으로 나타낼 수 있다고 하면 이 직선상의 어떤 점에 대해서도 이에 대응하는 유리수가 있다는 것을 믿어 의심하지 않았던 것이다.

따라서 기원전 4세기경 1변의 길이가 1인 정사각형의 대각선의 길이를 끝까지 측정하는 것 같은 수는 정수 중에는 물론 유리수 중에도 존재하지 않는다는 것이 발견되고 게다가 이것이 다음과 같은 방법으로 증명되었을 때는 그들의 이론은 치명적인 타격을 받았다.

그 증명은 다음과 같다. 먼저 2개의 정수 a, b의 비 a/b에서 $(a/b)^2 = 2$가 되는 것이 있었다고 한다. 이 분수는 약분할 수 있을 만큼 약분해 두고 a와 b에는 공약수는 없는 것으로 한다. 이것으로부터

$$a^2/b^2 = 2, \quad a^2 = 2b^2$$

그래서 a^2은 짝수이므로 a도 짝수가 된다. $a = 2c$라 두면

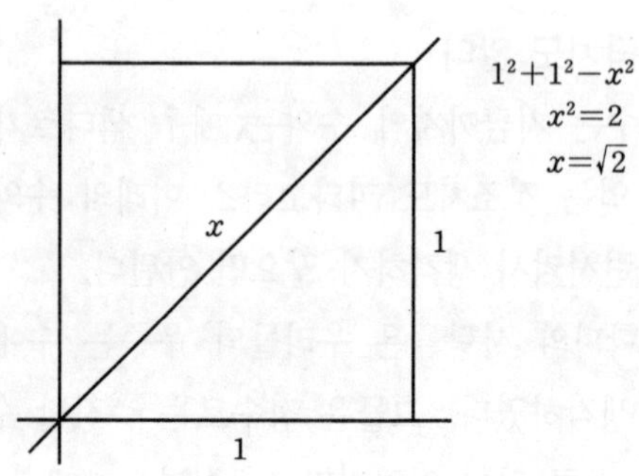

$$(2c)^2=2b^2, \quad b^2=2c^2$$

그래서 지금과 같은 사고방법으로 b도 짝수가 된다. 이것은 a 와 b의 사이에 공약수가 없다라는 가정에 반한다. 따라서 $(a/b)^2=2$가 되는 것 같은 a/b는 없다.

그리스인은 사실상 유리수조차도 수로서 인정하지 않았던 정도 이니까 $\sqrt{2}$와 같은 무리수 등은 당치도 않다라고 생각하였음에 틀 림없다. 그러나 이 발견에 의해서 수(유리수)로 나타낼 수 없는 것 같은 길이가 있는 것은 확실한 것이기 때문에 이러한 길이는 기하학적으로 다루는 편이 좋다고 생각하였다. 그 이유는 정사각 형의 대각선으로서 기하학적으로 다루고 있는 한은 그것에 수를 대응시킬 필요가 없기 때문이다.

그런데 이 장의 주역인 e는 수직선상의 정해진 점으로 나타내 는 데에 전통적인 작도의 도구 —— 자와 컴퍼스 —— 만으로는 그 위치를 결정할 수 없다. 그리스인이 이것을 알았다면 거듭 놀 랐을 것이다.

그 후 그리스인 이외의 민족에 의한 대수학의 발전 덕분으로 수학자는 재차 기하학의 세계에서 수의 세계로 되돌아 갔다. 인도인이 0과 음수를 발견하였기 때문에 수직선은 0에서 좌우 양쪽의 방향으로 끝없이 뻗고 있다고 생각할 수 있게 되었다(원점의 우측에는 양의 수가, 좌측에는 음의 수가 대응한다). 또, 16세기의 시초에 소수(小數)가 발견된 덕분으로 직선상의 어떤 점도 —— 물론 정사각형의 대각선의 길이를 나타내는 점도 —— 수로 나타낼 수 있게 되었다.

로그의 밑 *e*

모든 것은 전적으로 간결하고 요령 있게 해석됐다. 직선상의 모든 점에는 꼭 하나씩의 수가 대응하여 수를 가지지 않는 점은 없고 점을 가지지 않는 수도 없다. 마침 이 무렵 수학자는 새로운 수를 사용하기 시작했다. 이 새로운 수는 그리스인이 $\sqrt{2}$에 대해서 가졌던 이상의 불가사의함을 당시의 일반 사람들에게 주고 있었다. 그래서 수직선상의 점과 1 대 1로 대응하는 이제까지의 수를 실수(實數)라 부른다.

이 새로운 수라고 하는 것은 '−1의 제곱근'이라 불리고 있다. 이것을 사용하면 그때까지의 어떠한 수를 사용해도 풀리지 않았던 방정식

$$x^2 + 1 = 0$$

도 풀 수가 있다. 이 방정식은

$$x^2 = -1$$

이라고 적을 수 있다. 어떠한 수를 제곱해도 양이거나 0이므로 이러한 수는 없다라는 것이 당시의 사람들의 일치된 의견이었지만

이러한 수가 만일 있다면 그것은 매우 편리하다. 그래서 이러한 가상의 수를 허수(虛數)라 부르고 이것을 i 라 적는다. —— 여기까지 수의 세계를 확장하면 모든 대수방정식의 근을 구할 수 있다. 이러한 것은 나중의 화제이다 ——.

그런데 이와 같이 하여 무리수다 허수다 하는 여러 가지 새로운 수가 한 무리에 들어왔는데도 e 라는 수에는 특별한 주의를 기울이지 않았다. 그것이 많은 무리의 수 가운데서도 가장 흥미있는 수의 하나라는 것이 인정된 것은 16세기 초엽에 로그라는 것이 발명되어서부터의 일이다.

네이피어(1550~1617)가 발명한 로그의 덕분으로 매우 큰 수의 계산이 대단히 손쉽게 되었다(네이피어 자신은 천문학의 계산에 애를 쓴 것 같다). 고등학교에서 배웠다고 생각하는데 로그의 공부를 하는 사람은 누구라도 '이러한 간단한 이론이라면 나도 틀림없이 발견할 수 있었을 것이다' 라고 생각하는 것이지만 이러한 것은 브리그스(1556~1631)의 다음의 말에 의해서 잘 표현되고 있다. 브리그스는 옥스퍼드의 기하학의 선생으로서 로그의 발견자 네이피어를 만나서 다음과 같이 말하고 있다.

"나는 당신을 뵙고 어떠한 궁리와 재능에 의해서 천문학의 계산에 도움이 되는 이 훌륭한 생각에 도달하였는지 알고 싶어서 일부러 찾아왔습니다. 당신에 의해서 이것이 발견된 다음에는 이렇게 쉬운 것을 당신 이전에 아무도 발견할 수 없었던 것이 이상하게 생각될 정도입니다."

지수(指數)를 사용하는 계산이 얼마나 간단한지는 누구라도 알고 있다. 어떤 같은 수의 거듭제곱인 2개의 수를 곱하려면 각각의

네이피어의 로그표의 속표지

지수를 더하면 된다. 예컨대

$$10^{15} \times 10^{23} = 10^{15+23} = 10^{38}$$

로그의 원리를 사용하면 모든 수를 10의 거듭제곱으로부터 나타낼 수 있다. 10, 100은 물론 10^1, 10^2이지만 나머지의 수도

$$11 = 10^{1.0414}$$

$$12 = 10^{1.0792}$$

와 같이 나타낼 수 있다. 이것을 다음과 같이 적는다.

$$\log 11 = 1.0414$$

$$\log 12 = 1.0792$$

$$\log 11.5 = 1.0607$$

즉 $x = 10^y$ 이면 $\log x = y$

일상적으로 사용하는 계산에는 근본이 되는 수는 이 예처럼 언제나 10을 선정한다. 10은 가장 자연스런 수처럼 보일지도 모르나 수학의 입장에서 생각하면 로그의 밑에 10을 사용하지 않으면 안된다라는 이유는 하나도 없다. 10이 그럴듯하게 보이는 것은 10 그 자체가 가지고 있는 성질에 따른 것은 아니고 단지 인간이 10개의 손가락을 가지고 있다 —— 따라서 일상적으로는 10진법을 사용한다 —— 라고 하는 우연적인 사정에 따른 것이다. 이와 같은 이유로 수학자가 해석학의 연구를 할 때나 기술자가 이론적인 계산을 할 때에는 10이 아니고 e를 로그의 밑으로 사용하는 편이 훨씬 편리하다(수학자라도 기술자라도 일상적인 계산을 할 때에는 10을 밑으로 하는 로그를 사용한다. 보통의 수를 써서 나타내는 방법은 10진법이니까 이쪽이 편리하다).

로그의 밑으로서 10보다도 e가 훨씬 편리하다는 이유를 설명하는 것은 이 책의 정도를 넘어서게 돼버리는 것인데 다음과 같이 설명하면 어느 정도 이해할 수 있는 것이 아닌가 생각한다.

먼저 1과 극히 약간밖에 틀리지 않는 수 $1+x$의 로그가 거의 x와 똑같은 것 같은 밑을 찾자. 이러한 밑을 선정하면 1에 가까운 수의 계산이 매우 편해질 것이다. 이 밑은 얼마일까. 다음의 표는 1과 0.01씩 틀리는 수의 2종류의 로그를 배열한 것이다.

$1+x$	1.00	1.01	1.02	1.03	1.04	1.05
$\log_e$	0.0000	0.0100	0.0198	0.0296	0.0392	0.0488
$\log_{10}$	0.0000	0.0043	0.0086	0.0128	0.0170	0.0212

이 표를 보면 소수점 이하 네 자리의 정도로는 $\log_e(1+x)$는 거의 x와 같지만 $\log_{10}(1+x)$는 x와는 매우 틀리다는 것을 알 수 있다.

자연계에는 e가 가득 있다

e는 수학적으로 보아 자연스럽다라고 하는 것만이 아니고 자연계의 현상과도 매우 밀접한 관계가 있다. 생명현상의 기본적인 프로세스 —— 생장(生長)과 사멸(死滅) —— 를 수학적으로 가장 정밀하게 표현하는 데는 **지수함수**라 부르는 $y=e^x$ 라는 함수의 곡선이 사용된다. 그 때문에 수 e는 확률·통계·생물학·물리과학·탄도학·공학·경제학 등의 여러 가지 응용 분야에 있어서도 가장 중요한 수라고 할 수 있다. 이들의 응용을 더 상세하게 알고자 하는 분은 쿨란트 로빈즈의 『수학이란 무엇인가』를 읽으면 된다.

이러한 까닭으로 $e=2.71828\cdots$ 이라는 수에는 자연로그의 밑이라는 극히 걸맞는 이름이 붙어 있는 것인데 그것보다도 이전에 이러한 것을 인지한 사람이 있었다. 그것은 이미 가끔 이 책에 나온 오일러이다. 그는 페테르부르크의 궁정에 있었던 21세의 무렵 「대포의 점화에 대해서 최근 이루어진 실험에 관하여」라는 논문 속에서 다음과 같이 제안하고 있다.

"…그 로그가 1인 수를 e라 적기로 하자. 이 수는 $2.7182818\cdots$ 이고 10을 밑으로 하는 e의 로그는 $0.4342944\cdots$ 이다."

e는 '오일러 수'라 불리는 일도 있어 자기의 이름의 머리문자를 딴 것처럼 생각되지만 아마 별개의 이유일 것이다. 그 이유는 오일러는 로그의 밑을 a로, 허수를 i로 나타냈는데 이 어느쪽도 모음이고 e는 2번째의 모음이다.

수학의 역사 속에서 한 사람의 인간과 하나의 수가 이와 같이 긴밀하게 결부되어 있는 일은 그다지 볼 수 없으므로 이 수를 오일러 수라고 부르는 것이 가장 좋다고 생각된다.

오일러는 e를 23자리까지나 계산하였다.

그 값은 2.71828182845904523536028이다. 그는 또 이 수를 나타내는 간단한 형태의 무한연분수(連分數)를 발견하였다. 예컨대

$$e = 2 + \cfrac{1}{1 + \cfrac{1}{2 + \cfrac{2}{3 + \cfrac{3}{4 + \cfrac{4}{5 + \cfrac{5}{6 + 6}}}}}}$$

또는

$$e = 2 + \cfrac{1}{1 + \cfrac{1}{2 + \cfrac{1}{1 + \cfrac{1}{1 + \cfrac{1}{4 + \cfrac{1}{1 + 1}}}}}}$$

(이들 식의 의미 및 그로부터 e의 값을 계산해 보려고 생각하는 분은 이 장의 마지막의 문제를 보면 된다. 거기에 계산의 방법이 적혀 있다.)

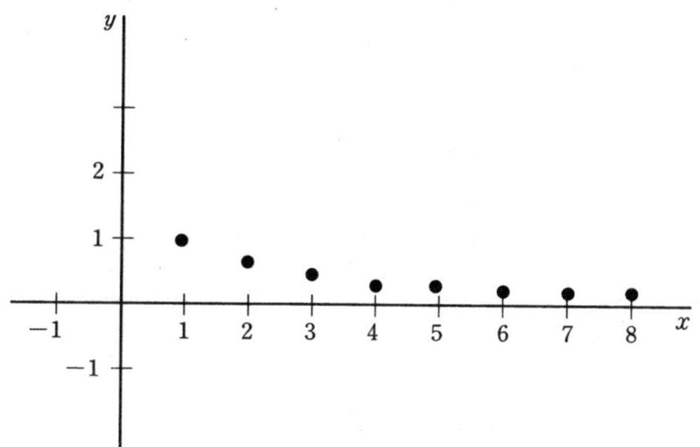

　수학의 온갖 분야에서 유명한 공식을 발견한 것도 오일러이다.
이 공식은 매우 특수하다고 생각되는 e와 i와 π 및 특수한 자연
수 0과 1 사이의 관계를 보여준다.

$$e^{i\pi}+1=0$$

이라고 하는 식이다. 이 단순하고 게다가 매우 우아한 공식에 대
한 반응은 여러가지 있다. 미국의 파스는 하버드 대학에서의 강의
속에서 '…우리들은 이 공식을 이해할 수 없고 그 의미도 모른다.
그러나 지금 이것을 증명한 것이니까 이것은 참이어야 할 것이다'
라고 말했다. 또 이 식을 성립시키는 것 같은 수로서 e를 정의한
사람도 있다.

e란 무엇인가

　오일러의 시대는 데카르트의 해석기하학의 발견, 뉴턴과 라이
프니츠가 독립적으로 발견한 미분적분학 등에 의해서 수학의 새로
운 분야가 상당히 개척된 시대였다. 산술·기하학·대수학에 새로

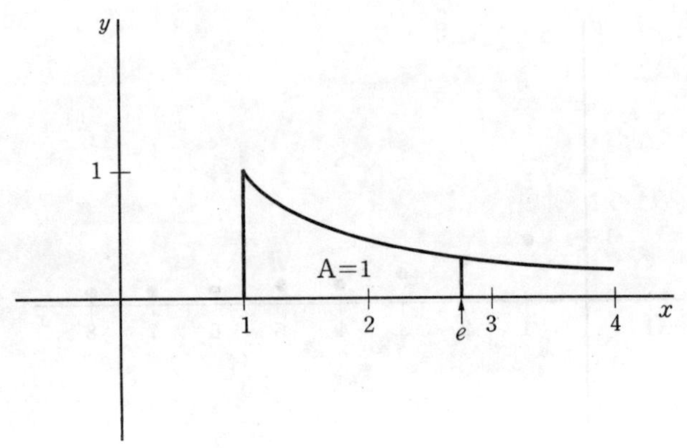

이 해석학이 부가되었다.

해석학에서는 이제까지의 것과는 조금 다른 정의도 있다. 자연수의 극히 '자연스런 성질', i의 '단순한 성질'과 비교하면 이 정의는 조금 복잡하지만 이쪽이 편리한 점도 있다. 이것은 어떤 종류의 곡선의 아래의 넓이로서 정의되는 것인데 이 곡선이라는 것은 $y=1/x$인 것 같은 모든 점 $(x,\ y)$가 만드는 곡선이고 그 몇 갠가의 점을 플롯해 보면 위의 그림과 같이 된다. 불연속인 점의 사이의 점도 모두 계산하여 플롯하면 하나의 연속곡선을 만들 수 있을 것이다.

x축상의 1과 x로 수선을 세워서 이 곡선의 아래의 넓이를 잘라낸다. $x=1$로 선정하면 이 넓이는 물론 0이지만 x가 차츰 오른쪽으로 이동해감에 따라서 1과 x 사이의 곡선의 아래의 넓이는 차츰 커진다.

그래서 다음의 질문을 내어 보겠다(e의 해석적인 정의는 이 질문의 답과 관계가 있다).

'1과 x 사이의 곡선의 아래의 넓이가 꼭 1이 되는 점 x의 위

치를 결정하라'

수학자가 흔히 하는 방법으로 이 질문에 답하여 보자. 즉 이 점의 정확한 위치를 구하는 것은 뒤로 미루고 —— 아무튼 이러한 점이 있다는 것은 확실하므로 —— 이것에 이름을 붙여 둔다. 이것이 e이다.

그렇게 하면 1과 x의 사이의 넓이는 e를 밑으로 하는 x의 로그이다.

그런데 x보다 작은 소수 x의 개수와 $\log_e x$와의 사이에 있는 관계는 수학의 모든 분야 중에서 가장 놀랄만한 정리의 하나이다.

이 관계를 설명하기 전에 0에서 시작하여 하나씩 증가하면서 끝없이 계속되는 자연수의 계열에 대한 것을 다시 한번 상기해 두자. 먼저 이 계열의 수는 분해불가능한 소수와 분해가능한 합성수와의 2종류로 나뉘었다. 이 나뉘어지는 방법은 매우 불규칙하였다. 다음으로 소수의 계열은 자연수와 마찬가지로 끝없이 계속하고 있었다. 또 어떠한 합성수도 소수의 곱으로서 나타낼 수가 있고 더구나 나타내는 방법은 각 합성수마다 한 가지였다.

가우스의 소수정리

이들 여러 가지 사실을 보아도 0, 1, 2, 3, … 이라는 수열이 실로 흥미진진한 것이라는 것을 알 수 있는데 이들 사실의 사이에는 공통점이 하나 있다. 그것은 모든 자연수 그 자체를 잘 관찰함으로써 추측되고 증명되었다는 것이고 e 등이라는 수는 결코 나타나지 않았고 필요도 없었다.

그러나 약간 다른 종류의 문제가 있다. 소수가 나타나는 양상은 전혀 불규칙하다. 예컨대 1, 3, 7, 9로 끝나는 수를 하나 잡아 보아도 그것이 소수인지 아닌지는 바로 판정이 되지 않는다. 또 이것으로부터 앞에는 쌍자소수 —— 차가 2인 소수 —— 가 없다 고 하는 경계가 있는지 어떤지는 아직 모르고 있으나 그 사이에는 소수가 하나도 없다고 하는 것 같은 얼마든지 폭이 긴 '사막'이 있다는 것은 알고 있다. 그래서 소수는 확실히 무한히 있는 것이 지만 그 분포는 앞으로 감에 따라서 얼마든지 성글어지는 것이다. 약간 패러독스처럼 들리지만 '소수는 무한으로 있지만 거의 모든 수는 소수가 아니다'라고 말할 수 있다.

이와 같이 소수의 분포는 국부적으로 보면 매우 불규칙한 것이 지만 대국적으로 보면 어떠할까. 100까지는 25개, 1000까지는 168개, 10000까지는 1229개, 10만까지는 9592개의 소수가 있다. 밀도가 감소되어 가는 것은 확실한데 그 감소의 패턴은 어떠할까.

이 패턴을 최초로 명확히 한 것은 가우스이다. 그는 소수의 감 소의 경향과 앞에서 언급한 $y=1/x$의 아래의 넓이와의 놀랄만한 관계에 주목한 최초의 사람이었다. 가우스가 언급한 예상은 현재 는 소수정리라고 부르고 있는데 이것이야말로 자연수에 대해서 발 견된 가장 중요한 진리의 하나이다.

이 정리의 증명은 매우 어려우므로 유감스럽게도 여기서 설명 할 수는 없다. 그러나 이 위대한 정리의 의미를 알기 위해 수치적 으로 조사해 보자.

먼저 주어진 수 x보다 작은 소수의 밀도를 조사해 보자. 10까 지의 소수는 2, 3, 5, 7의 4개이므로 밀도는 $4/10=0.4$이다. 100 까지는 25개이므로 밀도는 $25/100=0.25$가 된다. 마찬가지로 생각하여 1000까지의 밀도는 0.168, 10000까지의 밀도는 0.1229로 차츰 내려간다. 가우스는 이 값이 차츰 $1/\log_e x$로 접근해 간다는 놀랄만한 사실을 발견한 것이다. 이 관계는

$$\frac{\pi(x)}{x} \sim \frac{1}{\log_e x}$$

라는 식으로 나타낼 수 있다. 여기서 $\pi(x)$는 x를 넘지 않는 소수의 개수를 나타내고 따라서 위의 식의 좌변은 밀도를 나타내고 있다. 또 $\sim$는 x가 커짐에 따라서 양변이 점점 더 가까워진다는 의미이고 전문용어로는 점근적(漸近的)으로 똑같다라고 한다. 조금 위엄 있는 식을 적으면

$$\lim_{x \to \infty} \frac{\pi(x)}{x/\log_e x} = 1$$

이라는 의미이다.

x가 커짐에 따라서 위의 근사식(近似式)이 차츰 정밀하게 되어 가는 양상은 다음과 같이 실제의 숫자를 조사해 보면 잘 알 것으로 생각한다.

x	실제의 밀도 $\pi(x)/x$	근사밀도 $1/\log_e x$
1000	0.168	0.145
1000000	0.078498	0.072382
1000000000	0.050847478	0.048254942

이 정리의 증명이 굉장히 어렵다고 하는 것은 위대한 가우스조

차도 그것을 예상한 것뿐이고 증명을 완성할 수 없었다라는 사실로부터도 알 수 있다고 생각한다. 가우스의 제자인 리만(1826~1866)은 상대성이론의 수학적인 기초를 만들어 놓은 수학자인데 그는 33세 때 짧지만 매우 우수한 논문 속에서 이 정리를 공략하는 전술의 개요를 언급하였다. 그러나 그것을 완성할 수는 없었다.

수론의 머나먼 길

이 책에서 이제까지 언급한 여러 가지 정리와 이 소수정리와의 차이점은 예컨대 '소수는 무한으로 있다'라고 하는 유클리드의 정리는 작은 수에 대해서 얼마간의 계산을 해보면 그것이 옳다는 것을 대강 추측할 수 있는 것에 반해서 소수정리의 올바름을 그러한 계산으로 추측하는 것은 매우 어렵다는 점일 것이다. 하디도 말하고 있는 것처럼 '이 정리의 올바름을 알려면 그것을 증명할 수밖에 없다'. 그리고 유클리드의 정리의 증명과는 달라서 소수정리의 증명은 자연수의 시스템 밖의 수학을 다루지 않으면 안된다.

1896년까지는 이 정리의 증명에 성공한 수학자는 한 사람도 없었다. 바로 이 해에 프랑스의 수학자인 아다마르(1865~1963)와 벨기에의 수학자 드 리 비레 프산(1866~1962)이 두 사람이 서로 독립적으로 이 정리의 증명을 하였다(예외는 물론 있지만 일반적으로 말해서 수론의 연구자에게는 장수하는 사람이 많다!). 이 정리가 최초로 예상되고부터 거의 100년 후의 일이다. 두 사람의 증명은 어느쪽도 매우 어렵고 그것을 쉽게 하려는 막대한 노력이 있었지만 현재도 수학자 이외의 사람은 도저히 이해할 수 없다.

리만의 시대부터 소수정리는 이른바 해석적 정수론의 중심문제였다. 이 해석적 정수론이라는 것은 가장 진보된 해석학을 사용해서 정수의 성질을 연구하는 것이고 기술적인 입장에서 보면 수학의 여러 가지 분야 중에서도 가장 어렵다고 한다. 그리스시대부터의 고전적 정수론과 달라서 자연수의 사이에 있는 관계를 증명하기 위해 자연수를 초월한 유리수·무리수·실수·허수 등의 성질을 자유롭게 사용해서 정리를 공격한다. 이들 모든 것은 복소수라는 기치(旗幟)에 의해서 보기 좋게 통제되고 있다.

자연로그의 밑인 e와 0, 1, 2, 3, … 과 같은 자연수 사이의 관계를 이 장에서 이야기해 왔는데 이것에 의해서 모든 수의 밑바탕에 있는 훌륭한 통일성의 모습을 조금이라도 파악할 수 있었다고 생각한다. 자연수의 사이의 여러 가지 관계가 단순한 수열 0, 1, 2, 3, … 속에 내재하고 있었던 것과 마찬가지로 수의 사이의 여러 가지 어려운 관계도 자연수를 바탕으로 해서 차례로 쌓아 올려진 수의 개념 속에 내재하고 있다.

그러나 가장 놀라만한 것은 이러한 관계가 존재한다는 것보다도 오히려 그 증명이 이와 같이 어렵다라는 사실이 아닐까.

마지막 문제

210페이지에서 적은 것처럼 수를 무한연분수로 나타내는 방법은 잠깐 보면 놀랄지도 모른다. 그러나 이 연분수를 도중에서 절단하면서 근사분수를 차례로 계산해 보면 재미있다. 다음의 계산을 잘 본 다음 210페이지의 아래의 식에 대해서 e의 근사값을 계산해 보기 바란다.

$$e = 2 + \cfrac{1}{1 + \cfrac{1}{2 + \cfrac{2}{3 + \cfrac{3}{4 + \cfrac{4}{5 + \cfrac{5}{6 + \cfrac{6}{7 + 7 \cdots}}}}}}}$$

계산예

$$e \fallingdotseq 2 + \cfrac{1}{1 + 1} = 2 + \frac{1}{2} = 2.5$$

$$e \fallingdotseq 2 + \cfrac{1}{1 + \cfrac{1}{2 + 2}} = 2 + \cfrac{1}{1 + \cfrac{1}{4}} = 2 + \cfrac{1}{\cfrac{5}{4}} = 2 + \frac{4}{5} = 2.8$$

(답은 225페이지에 있다)

1000까지의 소수의 표

2	79	191	311	439	577	709	857
3	83	193	313	443	587	719	859
5	89	197	317	449	593	727	863
7	97	199	331	457	599	733	877
11	101	211	337	461	601	739	881
13	103	223	347	463	607	743	883
17	107	227	349	463	613	751	887
19	109	229	353	479	617	757	907
23	113	233	359	487	619	761	911
29	127	239	367	491	631	769	919
31	131	241	373	499	641	773	929
37	137	251	379	503	643	787	937
41	139	257	383	509	647	797	941
43	149	263	389	521	653	809	947
47	151	269	397	523	659	811	953
53	157	271	401	541	661	821	967
59	163	277	409	547	673	823	971
61	167	281	419	557	677	827	977
67	173	283	421	563	683	829	983
71	179	293	431	569	691	839	991
73	181	307	433	571	701	853	997

문제의 답과 해설

■ (18 페이지) 테스트

'기호로서의 제로'의 답은 위로부터

11, 11, −9, 9, 10, 100, 10, 1/10, 1

이고 '수로서의 제로'는 위로부터

1, 1, 1, −1, 0, 0, 0, 불능, 부정

이다. 마지막 3제에 대해서는 바로 뒤에 상세한 설명이 있다.

■ (28 페이지) 문제

이들의 수를 영어로 적어 보면 eight, five, four, nine, one, seven, six, three, two, zero 이므로 사전식으로 알파벳순으로 배열되어 있다. 별개의 언어로 적어 보면 또한 잘못된 배열이 된다.

■ (45 페이지) 퀴즈

1. 없다. 어떠한 수라도 자기자신은 약수이다.

2. 단지 하나 있다. 그것은 1이다. 1 이외의 수는 1과 자기자신의 적어도 2개의 약수를 가지고 있다.

3. 무한으로 있다. 소수는 정확히 2개의 약수를 갖고 소수는 무한으로 있다.

4. 단지 하나 있다. 그것은 0이다. 0은 어떠한 수로도 나누어 떨어진다.

5. 단지 하나 있다. 그것은 0이다.

6. 단지 하나 있다. 그것은 1이다.

7. 무한으로 있다. 0 이외의 어떠한 수도 그 배수(그것은 무한
으로 있다)를 나머지 없이 나눈다.

8. 최대의 것은 없다. 소수는 1과 그 자신밖에 약수가 아니지
만 소수는 무한으로 있고 최대의 약수는 없다.

9. 단지 하나 있다. 그것은 2이다. 짝수인 소수는 2뿐이므로.

10. 없다. 서로 다른 소수를 많이 곱하면 얼마든지 희망하는 만
큼의 약수를 가지는 수를 만들 수 있기 때문에.

■ (61페이지) 2진법의 문제

1.
$$\begin{array}{r} 110010 \\ +\ \ \ 1111 \\ \hline 1000001 \end{array}$$

2.
$$\begin{array}{r} 110111 \\ -\ 11001 \\ \hline 11110 \end{array}$$

3.
$$\begin{array}{r} 1010 \\ \times\ \ 101 \\ \hline 1010 \\ 1010\ \ \ \\ \hline 110010 \end{array}$$

4.
$$\begin{array}{r} 0.00110011\cdots \\ 101\overline{)1.00000000} \\ \underline{101\ \ \ \ \ \ \ } \\ 110\ \ \ \ \ \\ \underline{101\ \ \ \ \ } \\ 1000\ \ \ \\ \underline{101\ \ \ } \\ 110\ \ \\ \cdots \end{array}$$

■ (84페이지) 3의 거듭제곱에 대하여

1. 40g까지 측정할 수 있다.

2. 121g까지 측정할 수 있다.

3. 1g, 3g, 9g, … , 3^{n-1}g까지의 n개의 분동을 사용하면

$\dfrac{3^n-1}{2}$g까지 측정할 수 있다. 증명은 수학적 귀납법을 사용

하면 된다.

■ (94 페이지) $x=84$

■ (104 페이지) 문제

$$5=4+\left(\frac{4}{4}\right)^4, \quad 6=\frac{4+4+4}{\sqrt{4}}$$

$$7=4+4-\frac{4}{4}, \quad 8=4\times4-4-4$$

$$9=4+4+\frac{4}{4}, \quad 10=\frac{44-4}{4}$$

$$11=\frac{44}{\sqrt{4\times4}}, \quad 12=\frac{44+4}{4}$$

여기서 끝이라는 것은 아니다. 어떠한 기호를 사용해도 되는 것으로 하면 모든 수를 4개의 4로 나타낼 수 있다.

■ (118 페이지) 그 밖의 발견

세제곱해 보면

$$1-3x+5x^3-7x^6+9x^{10}-\cdots\cdots$$

가 되고 계수에는 양음의 홀수가 교대로 나타나고 멱지수에는 3각수가 차례대로 나타난다.

■ (137 페이지) 마찬가지로 오래된 문제

220의 모든 약수를 더하면

$$1+2+4+5+10+11+20+22+44+55+110=284$$ 가 된다. 그리고 284의 모든 약수를 더하면

$$1+2+4+71+142=220$$

이 된다.

■ (154 페이지) 문제

$2^{12}-1$의 약수는

$$2^2-1=3,\ 2^3-1=7,\ 2^4-1=15=3\times5,\ 2^6-1=63=3^2\times7$$

이다. 실제 $4095=3^2\times5\times7\times13$

으로 되어 있다. 또 $2^{12}+1=4097$의 약수는 (이것을 $(2^4)^3+1$로 적어 보면) $2^4+1=17$

이다. 실제 $4097=17\times241$로 되어 있다.

일반적으로 2^n-1이고 n이 소수가 아닐 때는 $n=pq$라 하면 2^n-1은 2^p-1로 나누어 떨어지므로 2^n-1은 소수가 아니다.

또 n이 2의 거듭제곱이 아니면 $n=ab(b$는 홀수)라고 적을 수 있으므로 2^n+1은 2^a+1로 나누어 떨어져서 2^n+1은 소수가 아니다. 그래서

(메르센 수)$=2^n-1(n$은 소수)

(페르마 수)$=2^n+1(n$은 2의 거듭제곱)

의 형태이다. '6의 이야기'와 '7의 이야기'에서 본 것처럼 이들 조건을 붙였다 해도 메르센 수와 페르마 수가 반드시 소수가 된다고는 할 수 없다. 이 중에서 소수인 것이 유한인지, 무한인지, 이것을 증명하는 것이 수학자에 대한 큰 도전이다.

■ (166 페이지) 세제곱수에 대한 별개의 문제

$$153=1^3+3^3+5^3$$

$$370=3^3+7^3+0^3$$

$$371=1^3+3^3+7^3$$

$$407 = 4^3 + 7^3 + 0^3$$

■ (180 페이지) 독자에 대한 문제

$p \equiv \pm 1 \ (mod \ 8)$일 때 즉 $p=7$, 17, 23, 31일 때는 $x^2 \equiv 2$ $(mod \ p)$는 풀린다.

$p \equiv \pm 3 \ (mod \ 8)$일 때 즉 $p=3$, 5, 11, 13, 19, 29일 때는 $x^2 \equiv 2 \ (mod \ p)$는 풀리지 않는다.

■ (198 페이지) 무한의 산술

(1) 모든 홀수의 집합, 모든 짝수의 집합, 모든 자연수의 집합은 모두 번호를 붙일 수 있으므로 $\aleph_0 + \aleph_0 = \aleph_0$

(2) 모든 정수 ± 1, ± 2, ± 3, … 의 집합은 번호를 붙일 수 있으므로 $2 \times \aleph_0 = \aleph_0$

(3) 모든 유리수(분수)의 집합은 번호를 붙일 수 있으므로 $\aleph_0 \times \aleph_0 = \aleph_0$

■ (218 페이지) 마지막 문제

$$e = 2 + \cfrac{1}{1+1} = 2 + \frac{1}{2} = 2.5$$

$$e = 2 + \cfrac{1}{1 + \cfrac{1}{2+1}} = 2 + \cfrac{1}{1 + \cfrac{1}{3}} = 2 + \frac{3}{4} = 2.75$$

수론의 세계를 찾아서
제로에서 무한으로

1995년 9월 20일 인쇄
1995년 9월 30일 발행

지은이 콘스탄스 레이드
옮긴이 임승원

펴낸이 손영일
펴낸곳 전파과학사
등록 1956.7.23 제10—89호
서울시 서대문구 연희2동 92—18
전화 333—8877·8855 팩시밀리 334—8092

공급처 한국출판 협동조합
서울시 마포구 신수동 448—6
전화 716—5616~9 팩시밀리 716—2995

* 잘못된 책은 바꿔 드립니다.

ISBN 89—7044—566—8 03410